開発と環境の政治経済学

石見 徹 ――［著］

東京大学出版会

Development and the Environment:
The Political Economy of the Relationship
Toru IWAMI
University of Tokyo Press, 2004
ISBN4-13-042118-2

はしがき

「開発と環境」というテーマは，最近ますます注目を集めている．それはたとえば，2002年8月に南アフリカのヨハネスブルクで開催された国連サミットが「環境・開発サミット」とも呼ばれていることに象徴的に現れている．しかしヨハネスブルクでは，このテーマに関して，先進諸国と発展途上国との間で目にみえた合意がほとんど得られなかったことは，南北双方の利害や立場の相違が容易には解消できないことを示唆している．もう少し一般的，抽象的な次元でこの問題を捉え返してみると，環境保全と経済発展はたがいに対立するのか，両立は可能なのか，という根本的な疑問が浮かび上がってくる．この点がまた本書を貫く主題でもある．この疑問を解く鍵は持続可能性（sustainability）という概念にあるといってよいだろう．地球環境問題もその一つの現れではあるが，資源の制約や人口爆発，食糧の確保といった種々の問題と密接につながっている．

このように多岐にわたる諸問題をどのように考えればよいか，そこに1つの指針を与えることが本書の第1の目標である．それはまた事実の正確な理解に裏付けられねばならないことはいうまでもない．しかしこれは「言うは易く，行うは難い」目標である．地球規模の諸問題は，多種多様な領域に及ぶばかりではなく，各々に専門的な知識が要求されるからである．

環境を考えるときにもう1つ難しいのは，不確実性の下での意思決定や，「公正」とは何かといった問題に行き着くことであり，そこでは哲学的，倫理学的考察が重要になる．しかし他方で，現実の要請に応えるために，政策学としての応用にも需要が高まっている．どちらに重点を置くか迷うところではあるが，本書では政策を選択したり採用するうえでの基本的な理念を明確にすることを優先したい．この点が第2の目標である．それは，

一見すると技術的な議論の背後にある考え方を明確にすることで，生きてくるはずである．

　私たちが目指すべきは「より良い生き方」であるが，それは必ずしも経済発展（成長）と対立するわけではない．生活の内容が変わると，経済発展の方向も構造も変わってくるはずであり，「成長か環境か」といった二者択一論ではない，第三の選択がありうるというのが本書の基本的な立場である．とはいえ，その「第三の途」とはどのような内容であるかについて，以下では具体的なことを語ってはいない．その点に不満を感じる読者がいるかもしれないが，結局それは，人びとがどのような生活のあり方（ライフスタイル）を選ぶかによって決まってくる．基本的なところが合意できれば，具体論はさまざまに工夫することができるだろう．

　本書は，過去数年来，東京大学経済学部や大学院経済学研究科で話してきた内容をまとめたものである．もともと資本主義の歴史や国際金融の諸問題を専門にしてきた筆者が，なぜ開発経済論や環境問題に移っていったのか，と質問されることが何回かあった．今流行のテーマだからですか，と皮肉な感想をもらされることもあった．正直なところそうした見方はまったく的外れではないが，それ以外に次のような気持ちがあったこともたしかである．経済学を志す人間が現代社会でしばしば話題になる問題に目を塞ぎ，自分の専門領域にこだわっていて済むのだろうかと．

　何年か前，ヨーロッパのある知人から聞いたところでは，環境主義者を西瓜に喩える冗談があるらしい．そのココロは，外面が緑でも，中味は赤い，と．しかし本書を読んでいただくと分かるように，今や主流になった「近代経済学」の分析道具を，折にふれて解説しながら，批評を加えるという姿勢をとっている．私自身は，主流の経済学が世の中の経済問題を解明することに必ずしも成功しているとは思わないが，何が，どのように分析されようとしているかを最低限教えないことには，経済学の教育は成り立たないのが現状である．その意味では，「思想性」に乏しいと思われるかもしれないが，市場メカニズムによる手法を語るだけでは限界があることも，これまた事実である．だからこそ，思想的な問いかけを軽視するわけには

いかないと考えている．

　すでに述べたように何分にも対象とする領域が広いので，草稿や校正刷の段階で住明正，高木保興，国友直人，藤原敬，奥野(藤原)正寛，金本良嗣，澤田康幸，神谷和也の諸氏（順不同）から貴重なコメントや助言を頂戴した．しかしまだ思わぬところで何かの勘違いや誤りを残しているとすれば，その責任はいうまでもなく筆者にある．今後，機会をみつけて訂正していくようにしたい．私が環境問題に関心を持ち，その方面で何らかの仕事をしてみようと思ったきっかけは，東京大学とマサチューセッツ工科大学，スイス連邦工科大学（後にチャルマーズ工科大学も参加）との国際共同研究の組織である AGS（Alliance for Global Sustainability）や総合地球環境学研究所のプロジェクトに参加したことであった．各々のまとめ役を務められた松尾友矩，小宮山宏，早坂忠裕の各氏，さらにご意見をよせて下さった上記の方々にはあらためて感謝の意を表したい．また長年にわたり，原稿や資料の整理係を担当していただいた山本和代さん，草稿の検討やデータ分析の一部をお願いした大学院生の有賀健高君，松下幸敏君にも，この場を借りてお礼を申し上げたい．

　　2004 年 5 月　　　本郷の研究室にて

　　　　　　　　　　　　　　　　　　　　　　　　　　　石　見　徹

目 次

はしがき

第1章　はじめに……………………………………………………………1
1.1　持続可能性………………………………………………………2
従来の経済学はどこが物足りないか　4
1.2　成長か開発か……………………………………………………6
GDP 指標の限界　8
「人間開発」　11
持続可能な国民所得　13
1.3　経済開発にともなう問題………………………………………15
格　差　15
環境悪化　16
自由化・「グローバル化」　17
［コラム］　南北問題の「発見」　7

第2章　貧困と経済格差……………………………………………………19
2.1　貧　困……………………………………………………………20
貧困はなくならないか　20
相対的貧困　22
中国とインドの状況　24
2.2　クズネッツ曲線…………………………………………………31
地域的特徴　33

　　　　　開発政策との関連　37
　　2.3　南北格差……………………………………………………………42
　　　　「収斂」説　46
　　　　「搾取」説　49

　　2.4　グローバル化と格差 ……………………………………………53
　　2.5　格差の是正 ………………………………………………………56
　　　　貧困の解消策　56
　　　　援助の効用　57
　　　　債務の重圧　60

　［コラム］ジニ係数とその限界　28／豊かな時代の飢餓　30／ルイス・モデルと「転換点」　36／ハロッド＝ドーマー・モデル　38／新古典派成長論　39／所得水準の国際的・歴史的比較　45／新古典派成長論から内生的成長論へ　48／日本の経済援助　59

第3章　「成長の限界」……………………………………………………63

　　3.1　人　口 ……………………………………………………………64
　　　　「人口転換」説とミクロ経済学の応用　67
　　　　「貧困の罠」と「リカードの罠」　72

　　3.2　食　糧 ……………………………………………………………76
　　　　食糧は不足しているか　76
　　　　食糧の供給と分配問題　82
　　　　中国とインドの農業事情　86
　　　　環境破壊　88

　　3.3　エネルギー ………………………………………………………90
　　　　エネルギー供給　90
　　　　エネルギー消費　92
　　　　エネルギー源の転換　94
　　　　中国とインドのエネルギー事情　96

3.4 貧困―人口―環境の悪循環 ……………………………………………99
　　エーリックの公式　101
　[コラム]　人口政策　71／産業革命期のイギリス　74／「緑の革命」の評価　87

第4章　持続可能な経済成長 ……………………………………………105

4.1 環境保全と経済成長は両立するか ……………………………………106
　　価格・費用関係と需要　106
　　環境改善に必要な経済成長　110

4.2 環境クズネッツ曲線 ……………………………………………………112

4.3 再び「持続可能性」 ……………………………………………………116
　　何を目標とするか　116
　　世代間の公平　119

第5章　発展途上国の環境問題 …………………………………………123

5.1 「圧縮された経済発展」 ………………………………………………125
　　工業化　125
　　一次産品の輸出　128
　　都市化　131

5.2 自由貿易と環境 …………………………………………………………133
　　自由化の功罪　134
　　環境規制と貿易　139

5.3 「後発の利益」 …………………………………………………………144
　　大気汚染の国際比較　145

5.4 環境対策の担い手 ………………………………………………………153

　[コラム]　世界の森林面積は減少しているか　128／エコツーリズム　131／
　　　　　　自然資源の乱開発　136

第6章　環境政策の争点 …………………………………… 157

6.1 「市場の失敗」と「政府の失敗」 ………………………… 158
「市場の失敗」　158
「政府の失敗」　160
所有権は解決手段になるか　163

6.2 市場メカニズムの利用 ………………………………… 166
排出税　167
排出権取引　170
環境税の実施に関連した問題　173

6.3 環境価値の評価 …………………………………………… 175

6.4 市場メカニズムによる解決の限界 ……………………… 178
最適汚染水準　178
コースの定理　180
問われる価値観　183

［コラム］小繋事件　165／死亡回避の費用　177

第7章　地球環境問題 …………………………………… 185

7.1 問題の登場 ………………………………………………… 186
地球環境問題はどのように取り上げられてきたか　186
オゾン層破壊　189
生物多様性　189

7.2 地球温暖化 ………………………………………………… 191
地球温暖化はなぜ起るか　191
温暖化の影響　192
京都議定書　195
議定書の限界　199
CO_2 排出と EKC　200
中国の場合　204

7.3 全地球的な倫理 ……………………………………………………………207
　　地球温暖化問題の難しさ　207
　　合意を促す要因　209
　　「共通の，しかし異なった形の責任」　210

［コラム］　酸性雨　190

第8章　結　び ………………………………………………………………215
　　新しい「南北問題」　216
　　「成長の限界」は超えられるか　217
　　次善の策　217
　　最後にやはり価値観　219

参考文献　221
索　引　231
著者紹介　238

第1章
はじめに

環境保護や貧困撲滅を訴えたヨハネスブルクのデモ行進.
(2002年8月, 毎日新聞社提供)

1.1 持続可能性

「持続可能性」あるいは「維持可能性」という言葉は,1980年代半ばに高く上がりすぎたドルの為替相場を指して使われたことで有名になった.しかしここで使う意味は,国連・環境と開発に関する世界委員会,通称ブルントラント(Brundtland)委員会の報告(1987年)で定義された用法に起源がある.この委員会は,1972年のストックホルム会議(国連人間環境会議)や同年のローマクラブの『成長の限界』の刊行などをきっかけに,世界的に高揚した環境問題への関心を受けて,ノルウェーの元首相であるブルントラント女史を代表に据えて,1984年に設立された.この報告書によると,「持続可能な開発 sustainable development とは,将来の世代の欲求(needs)を満たしつつ,現在の世代の欲求を満足させるものである.」[1] この用法は経済学で有名な「パレート最適」の考え方を世代間に適用したものであるが,持続可能性をいかに定義するかは,人によってさまざまなニュアンスの相違がある.具体的には,「貧しい人びとの生活水準の引上げ」から「自然環境や資源の保全」,あるいは「基本的自由の拡大」まで多岐にわたる[2].しかしここでは,これ以上厳密な定義にこだわる必要はないだろう.

ローマクラブの「成長の限界」という報告書名が象徴的に示すように,ある時期までは,「反成長」の訴えに共感が生まれやすい土壌があった.実際,この提言が現れた直後に石油危機が発生したので,資源の制約からそれまでの成長路線は継続できないという認識が広まった.その影響で1970年代は経済成長と環境が対立するものと受けとめられていたが,1980年代から1990年代にかけて,両者は逆に調和可能とみる考え方が広がった.その転機になったのが「持続可能な発展」という概念であったといえるだろう.

化石燃料(石油)は再生不可能な資源であるが,その価格が上昇するに

---

1) WCED (1987),訳書,p.66. 地球規模の環境問題が意識されるに至った経過については,第7章であらためて取り上げる.
2) Pearce et al.(1989),訳書,pp.191-203.

ともない，新しい油田が開発されて，採取可能な量は固定的ではないことが経験的に知られるようになった．あるいはエネルギー源の代替（原子力発電）や省エネの技術開発が促進されることによって，こうした資源の制約は，さしあたり深刻な問題として意識されなくなった．ローマクラブの見解に批判が集まったのは，こうした需給両面の対応を考慮していなかったことである．その一方で，最近の環境問題は，たとえば水，大気や熱帯雨林のように，再生可能な資源の保全と経済成長をいかに調和させるかに，焦点が移ってきたのである．あるいは，再生不可能なエネルギー源である石油の場合は，問題はその調達可能性ではなく，調達が容易になったがために，その消費にともなう副作用である地球温暖化が深刻に懸念されるに至ったのである．

一般に世論は，それが実現可能かどうかにはかかわらず，明らかに環境保全と経済成長の両立を望んでいる．ブルントラント報告が世界的に広く受け入れられたのは，ローマクラブのように「反成長」の姿勢をとらず，「次世代の欲求充足を阻害しない」という条件付きではあれ，現世代の「欲求充足」を肯定しているからである，とみることもできる．ブルントラント委員会の設立にはローマクラブの警告が世界に与えた衝撃が背景にあったといわれるが，その一方で『成長の限界』の著者たちは，よせられた批判に対して，20年後に『限界を超えて』(1992年) を発表した[3]．

「持続可能な開発」の考え方は，その後，リオデジャネイロの地球環境サミット（1992年）に継承された．とはいえリオのサミットでは，南の諸国が「開発する権利」を主張したように，南北間格差の解消と「持続可能な開発」をいかに調和させるかという問題が残されている．さらに地球社会の「持続可能性」という観点からすると，分配の不平等や政権の腐敗を是正していくことも，雇用問題などの経済的安定と同じように重要な意味を

---

3) Common (1995), pp.2-4. Pearce and Warford (1993), pp.7-8. Cohen (1995), 訳書, pp.157-160, 165. なお最近，ベストセラーになった『世界がもし100人の村だったら』(マガジンハウス社) は，『成長の限界』の著者の1人であるメドゥスの新聞記事が発端になったといわれる．

もつ．2001年9月に起った同時多発テロは，一方で繁栄するアメリカと，他方で貧困から抜け出せない一部の途上地域との間で格差がますます開いていることが背景にあるとする意見が少なくなかった．その意味では，世界的な分配不平等の是正も持続可能性の重要な課題となる．

従来の経済学はどこが物足りないか

地球環境問題や自然資源の制約から，経済成長至上主義はすでに限界にきているという声がよく聞かれる．あるいは，従来のような成長路線とは異なった経済発展のあり方が21世紀には求められているのかもしれない．「開発経済学」は発展途上国を低開発状態からいかにして脱出させるかを究明する学問である．しかしその関心は，ともすれば1人当り所得の向上に偏り，どのような発展が人びとの社会的，経済的な福祉の向上に結びつくかという問には，まだ十分な答えを出していない．この疑問は，福祉とは何か，公平とは何かといった哲学的，倫理学的な領域にまで深く関わる．だからこそ容易に答えがえられない難問である．もう1つ未解決な問題は，途上国はたんに成長に立ち遅れたという違いがあるだけで，それ以外には先進諸国と基本的に変わりがないのかどうかである．もし基本的な差がないとすると，先進諸国で成功した政策がそのまま適用できることになるが，はたしてそう断言できるだろうか．また，発展途上国は孤立して存在しているわけではない．すでに発展をとげた先進諸国と並存していることが，発展途上国の開発にどのような影響を及ぼすかという点も重要な論点になるだろう．実はこうした点は，環境経済学を評価するうえでも問題になる．

それでは「環境経済学」に欠けている視点は何かというと，端的には，先進諸国で現れた問題や，その解決策の検討に主な関心があり，そうした議論が発展途上国にどこまで適用可能であるか，という疑問が必ずしも掘り下げられていないことである[4]．より根本的には，環境経済学に限らず広

---

4) たとえば，代表的な例としてKolstad（1999），Field（1997），植田（1996）にも似たような傾向がある．Pearce and Warford（1993）は，主として発展途上国を対象にしている点で例外的である．

く経済学一般にも通じることではあるが，市場メカニズムを通じた解決にどこまで依存できるか，逆にどの程度まで直接的な介入が必要であるかを詰めることが必要になる．しかしその答えは，行政機関の整備状況や，民主主義による統治の実行可能性，市場取引の経験などに大きく左右される．「地球規模」の視点からすると，途上国が従来の先進諸国がたどった経済発展の方式を単純に追いかけることが好ましいわけではない．となると，この観点は開発経済学の根底にある難問につながってくる．

どのような開発路線が人びとの生活向上に結びつくかという第1の問題意識を「福祉的観点」，第2に，生活に関わるさまざまな要因のなかで，とりわけ環境問題に注目する立場を「環境的視角」とよぶこともできる．やや単純化していうと，前者の目指すものを「人間開発（human development）」，後者の目指すものを「持続可能な開発（sustainable development）」と概括できるかもしれないが，両者はいつも一致するわけではない．途上国における福祉向上が物質的な成長なしでは難しいことは否定できないし，そうすると，全地球的な次元で資源や自然環境の限界と衝突するかもしれないからである．目指すべきは両者の結合（持続可能な人間開発）である[5]が，それはどうすれば可能になるだろうか．

なお一口に「環境経済学」といっても，主流派の経済学では「資源経済学」といわれる分野を区別することがある．前者の環境経済学は公共経済学の応用として発展してきた．元来は「市場の失敗」論から出発しているが，「外部性」を価格メカニズムのなかに取り込んで（「内部化」して），問題解決の方向を探ることが中心的な課題とされてきた．たとえば，汚染を減少させるのにどのような手段がより効率的（費用が少ない）か，あるいは費用対便益の観点から，どこまで汚染を減少させることが好ましいかといった問題が扱われる．どちらかというと，静学的な分析に集中する．これに対し後者の資源経済学は，自然資源（再生可能なものと不可能なもの両者を含む）の利用をどこまで許容すべきかといった問題を扱い，長期の

---

5) Sutcliffe（1995）を参照．

時間的視野をもつ.「持続可能性」という概念と深い関連があるのは,後者の資源経済学の方である[6]ということもできる.以上のような区別だけを抽象的に述べると,かえって読者を混乱させるかもしれないが,具体的には第4章,第5章であらためて詳しく議論しよう.

1.2 成長か開発か

伝統的に経済発展（あるいは経済開発）の目標は,物質的豊かさ（1人当り所得や富の増大）にあるとされてきた.それは,アダム・スミスが『諸国民の富』を考察したときから変わらないといってもよいが,発展途上国の開発が1人当り国民所得の向上の意味で議論されるようになったのは,それほど古いことではない.経済開発がマクロ的な経済成長と同義に用いられるようになったのは,国民所得概念が定着した第2次世界大戦後のことである.経済援助の効果を計るのに,先進諸国で開発されたマクロ経済概念が応用されたことも,GDP（ないしGNP）の量的増大を重視する傾向を強めることになった.

植民地であった多くの途上国では,独立後の国家建設に経済発展が民意を統合する1つの重要な手段となり,経済成長,あるいは国民所得の向上が政権の運命を左右する要因になった[7].「開発独裁」は,この過程で多くの諸国でみられた現象であった.「独裁」政権であるほど指令が行き届きやすいので,発展をより効率的に達成しやすいという事情もある.権力者の家族や取り巻きに利権を配分する「クローニー（縁古）資本主義」も,ある意味では,避けがたかったといえるかもしれない.いうまでもなく,こうした政権の下では人権抑圧や,より直接的に物的,人的被害を国民多数に及ぼしがちであることを見過ごすべきではない.だが同時に,人びとの

---

6) Kolstad (1999),訳書,pp.7-8.ただしTietenberg (2000) のように,環境経済学と資源経済学の両方を扱っている例もある.
7) 開発概念の変遷とその背景については,末廣 (1998) および末廣 (2000) 第5章が参考になる.

政治意識が芽生え，それを意思決定に反映させる選挙や議会の制度を備えるには，ある一定の所得水準，言葉を換えていうと，経済発展の段階が必要になることも否定できない事実であろう．

南北問題の「発見」

　南の諸国と北の先進工業諸国との間に経済水準の格差があることは，少なくとも19世紀から明白であったが，そうした事態が「南北問題」として注目を集めることはなかった[8]．表1-1によると，1820年の1人当りGDPは世界平均で651ドル（1990年USドル），地域別にみて最も高いのは西ヨーロッパの1,292ドル，最低はアフリカの450ドルであった．この当時，西ヨーロッパはアフリカの2.1倍であったが，1929年になると西ヨーロッパ4,385ドルに対しアフリカは660ドルで，その格差は6.6倍に開いていた．ただし1929年の最高値は新開国の6,653ドルであり，これはアフリカの10倍であった．たしかにGDPの歴史的推定には技術的に難しいところがあり，とりわけ発展途上国のデータには疑問を留保しなければならない．しかしともあれこの推定値によれば，19世紀の初めからすでに，南北間格差は明らかであり，その後も拡大する傾向にあったことになる．

　「南北問題」という言葉自体は，1959年にイギリスのロイズ銀行会長，O. フランクスが使ったことに始まるといわれる．1961年の国連総会でケネディ米大統領が「第一次国連開発10年計画」を提唱し，南の諸国の立ち遅れを解消する目的で国連貿易開発会議（UNCTAD）が設立されたのは1964年であった．このように「南北問題」は1960年前後に「発見」されたのである[9]．以前から存在はしていたが意識されていなかったという意味では，コロンブスのアメリカ大陸「発見」と似ているところがある．

　第2次世界大戦後に独立した旧植民地諸国の低開発状態が先進諸国にとって問題として意識されるようになったのは，第1に東西対立，したがって冷戦下の援助競争が背景にあった．これ以外に第2に交通・通信手段の

---

8) 「開発経済学」の系譜については，たとえば絵所（1997）を参照せよ．
9) 西垣・下村・辻（2003），p.40以下．

> 発達が「隣人愛」の範囲を広げたことも考えられる．しかしある特定の時点から「南北格差」が問題として意識されるようになった理由を探ると，やはり国際政治の次元にたどり着くのである．もっとも，ソ連・東欧の社会主義圏が崩壊した現在において，ますます世界の貧困問題に注目が集まっていることは，東西対立のみを強調することにはそぐわないかもしれない．だが1960年前後に「南北問題」が浮上した背景と，情報のグローバル化が進んだ現在との違いがあることも忘れてはならない．

表1-1 1人当りGDP (1990年ドル表示)

年次/地域	西欧	新開国	南欧	東欧	中南米	アジア	アフリカ	世界
1820	1,292	1,205	804	772	679	550	450	651
1870	2,110	2,440	1,108	1,085	760	580	480	895
1913	3,704	5,237	1,750	1,690	1,439	742	575	1,539
1929	4,385	6,653	2,153	1,732	1,832	858	660	1,806
1950	5,126	9,255	2,021	2,631	2,487	765	830	2,138
1973	12,289	16,075	6,015	5,745	4,387	1,801	1,311	4,123
1992	17,387	20,850	8,287	4,665	4,820	3,252	1,284	5,145

資料：Maddison (1995), Table G-3.
註：新開国は，アメリカ，カナダ，オーストラリア，ニュージーランドであり，アジアは日本を含む．

GDP指標の限界

しかし大きな問題は，経済発展の成果を国民総生産GNP，あるいは近年よく使われる国内総生産GDPという指標のみで計れるかどうかである．GDPは文字どおり国内で生産された財・サービスの合計であるが，GNPは，GDPから外国に支払われる要素所得を差し引き，逆に外国から得られる要素所得を追加した集計値である．要素所得とは，労働，資本など生産要素から生み出された所得であり，具体的な形としては，投資収益や賃金・俸給である．マクロ経済学の教科書で指摘されているように，GDPやGNPに集計される財やサービスは，基本的に市場で取引される部分に限られる．したがって，市場に現れないサービスの生産（典型的には家事労働）は，当然

GDPの計算には含まれない[10]．しかしこうした部分が市場で購入されるようになると，それだけGDPが増えることになる．たとえば女性が働きに出るようになると，その労働所得がGDP統計に算入されるし，また他方で，家事労働にあたるサービスを新たに家庭外から購入しなければならないので，この部分もGDPに含ませる．このように家庭に商品経済が浸透すると，需要・供給の二方向でGDPは増える．しかしそれが人びとの幸福（福祉）につながるかどうかに関しては，さまざまな意見がありうる．また本書のテーマに関係するところでは，環境の悪化や自然資源の減少などが通常はGDPやNDP（国内純生産）の計算に含まれないことが大きな問題である．

　現実を反映しているかどうかという点では，同じくマクロ経済の集計値であっても，GDPとGNPとの間に微妙な違いがある．GDPは，自国民であれ，外国人であれ，その国内で生産した財・サービスの規模を捉えることになる．その意味で一国の経済規模を示すのに便利なので，最近はGNPに代わってよく使われる．しかし，発展途上国では多国籍企業が輸出産業を支配していることが多い．多国籍企業が輸出や国内販売で生じた所得の大部分を外国に移転すると，GDPは大きくても，GNPは小さくなってしまう．あるいは，対外債務の利払いが大きな規模になると，GDPでは国民一人ひとりの所得取り分が増えているかどうかは分からない．逆に，外国へ出稼ぎに出た労働者が多額の送金をすると，GDPよりもGNPの方がかなり大きくなる．

　表1-2によると，先進諸国では多くの場合，GNPとGDPの比率が1に近く，しかも日本を除いて，変動幅も小さい．ところが，GNP/GDPの比率が1からかなり離れた国もいくつかある．1より大きい国ではフィリピンが目立ち，1より小さい国では，スーダン，ナイジェリアなどが突出している．フィリピンのように，海外から労働所得の送金が大きな割合を占めると，GDPよりもGNPが大きくなるのは分かりやすい．アフリカ諸国が1より小

---

10) 日本では，たとえば農家が自家消費用に栽培する作物などは，市場で購入したと仮定してGDPに含むように工夫されている．しかし，発展途上国の統計ではこの算出に正確さを期待することはむずかしい．

表1-2 各国のGNP対GDPの比率（1996-2000年）

国名	平均	標準偏差	変動係数
アメリカ	0.98	0.02	0.02
日本	1.04	0.10	0.10
フランス	1.05	0.05	0.05
ドイツ	1.05	0.05	0.05
イギリス	0.98	0.04	0.04
フィリピン	1.07	0.09	0.08
中国	1.04	0.09	0.09
インドネシア	1.00	0.23	0.23
タイ	1.04	0.09	0.09
マレーシア	0.98	0.10	0.10
韓国	1.05	0.13	0.12
アルゼンチン	0.98	0.01	0.01
ブラジル	0.98	0.03	0.03
チリ	0.96	0.05	0.05
インド	0.98	0.03	0.03
エジプト	0.96	0.01	0.01
ナイジェリア	0.86	0.04	0.05
エストニア	0.99	0.05	0.05
コートジボアール	0.95	0.06	0.06
ルワンダ	0.99	0.08	0.08
スーダン	0.84	0.09	0.11
サウジアラビア	1.00	0.10	0.10
ケニア	0.96	0.06	0.06

資料：World Bank, *World Development Indicators*, 各年号.
註：スーダン，サウジアラビアは1997-2000年のデータによる．

さいのは，多国籍企業の利潤送金よりも，対外債務の利払いによるだろう．直接投資の受け入れが大きい中国で，この比率が1よりも大きいのは，利潤が送金されずに再投資に回されているからであろう．GNP/GDPの変動幅が日本以上にインドネシアや韓国で大きいのは，おそらく通貨危機の影響があると思われる．以上の点は，多国籍企業の活動や経済の「グローバル化」が南北格差を拡大するかどうかという疑問にも関係してくるが，詳しくは第2章で取り上げることにしよう．

「くたばれGNP」という標語が，高度成長期の末期，1970年代の初頭にある新聞紙上を飾って話題になった．その意図は「くたばれ成長至上主義」ということにあるが，GNPというマクロ経済学上の概念それ自体を問題に

しても始まらない，という批評がその当時からあった．しかしここで注意すべきは，1960年の「国民所得倍増計画」のように，ある概念が政策上のシンボルとなると，それが特定の政策思考と結びついて現実の意味を持つことである．あるいは逆に，ある種の政策上の必要性があるからこそ，学問的な概念が現実の世界で頻繁に使われるようになるというべきかもしれない．

　第2次世界大戦後において多くの先進諸国では，何よりもGNPの成長を追求することが重要な政策課題になった．そして一般に「経済成長」という場合には，GDP（あるいはGNP）指標の伸びを意味する．こうした概念で語られる成長が，社会福祉や生活の快適さではなく，市場で取引される財・サービスの量的成長に政策目標を置く傾向を助長したことは否めないだろう．

　こうした傾向に対する批判から，GNPで捉えられる生産データの他に福祉や環境を含めた指標として，NNW（Net National Welfare 国民純福祉）の作成が試みられた．この種の新しい指標には定義上，および計測上の難しさがつきまとうが，GNP統計のみを使った政策論議に対する疑問は根強い．

「人間開発」

　「開発」（あるいは経済発展）という言葉は，たんなる物的（サービスを含む）成長のみならず，社会関係や生活様式の変化をも含む広い概念である．個々人の生活の快適さや束縛からの自由といった質的，ないし社会的な側面を強調することもあり，ある種の価値判断をともなう概念ということもできる．本書では「人間開発」の概念にみられるような，広義の開発を重視したいが，同時に次のような点を指摘しておきたい．

　開発の目標として，物質的な豊かさではなく，潜在能力（選択可能性）の広がりを重視する考え方から，人間開発（Human Development）という概念が生まれた．ここには，セン（A. Sen, 1998年にノーベル経済学賞を受賞）の学説の影響が強く現れている．彼は，貧困とは「潜在能力」の欠如している状態であると定義し直し，開発は「潜在能力」を拡充させること

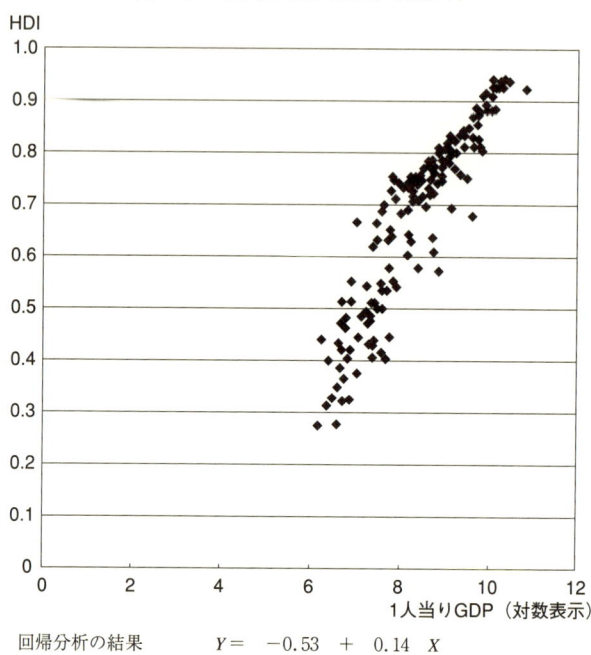

図1-1 1人当りGDPとHDI(2000年)

回帰分析の結果　　　$Y = -0.53 + 0.14\ X$
　　　　　　　　　　　$(-13.64)\ \ \ (31.58)$

カッコ内は t 値．Y：HDI，X：1人当りGDP, USドル（購買力平価），自然対数で表示．
標本数：172, R^2：0.85.
資料：データは，UNDP『人間開発報告書』2002年版による．

が目標であるとした[11]．この概念が，国連開発計画（UNDP）の指導理念となり，1990年には『人間開発報告書』第一号が公刊されたのである．

UNDPが『人間開発報告書』で毎年，公表している人間開発指数（HDI）は，次の3つの要素指数を単純平均して，計算されている[12]．1）平均寿命（出生時平均余命），2）成人識字率と平均就学年数から算出される教育水準，そして3）所得（1人当り実質GDP）である．このなかで3）は，最低限の物質的欲求は所得の上昇とともに逓減するという観点から，一定水準を超

---

11) こうした概念が，途上国の現状に沿って発展してきた事情については，絵所(1997)，p.196以下．
12) HDIの定義は，UNDP (2001) を参照．

えると比重を小さくするように工夫されている．だが注意すべきは，図1-1にみられるようにHDIと1人当りGDPとの間には，かなり強い相関関係がみられることである[13]．

　過大評価しないように配慮されているとはいえ，1人当り所得がHDIの算出データに含められていることからすれば，こうした結果はさほど驚くべきではないかもしれない．しかし，それ以外に1) 平均寿命も，2) 教育水準も，実は所得水準によって大きな影響を受ける．寿命は医療保健設備が改善されることによって伸びる．とりわけ発展途上国では，乳児死亡率の低下が平均寿命の伸びに大きく貢献するが，これも医療保健に資金が投入されたからである．また初等・中等教育の施設を充実させるのにも資金を要する．より直接的な関係として，貧困家庭の所得が増大すると，子供を働きに出す必要がなくなるかもしれない．そうすると，就学率は上昇する．いずれも平均所得の増大が必要になる．

　このようにみてくると，人間開発を進めるためには，やはり経済成長が重要な前提になるといってよいだろう．逆に教育水準の向上は，一定のタイムラグの後に，経済成長を促進することは間違いないが，平均寿命が伸びると経済成長にどのような影響があるかは一概にはいえない．しかしここで指摘しておきたいのは，経済成長を自己目的にすることは必ずしも好ましいことではないが，かといって成長が不要であると決めつけることも間違っていることである[14]．

持続可能な国民所得

　逆にGDPやGNPなどの指標では捉えきれない「福祉の観点」を環境の側面に生かそうとしたのが，「持続可能な国民所得」あるいは「グリーン国民所得」といわれる概念である．これは，NNWの作成と同じ発想で，資源

---

13) Ray (1998), pp. 29–33は，所得水準と平均寿命，識字率の間に相関関係が高いことを指摘している．
14) Ravallion (1997)．またHDIに関しては，その概念があいまいで，各国間でも，時系列的にも，比較に適さないというSrinivasan (1994) の批判もある．

ストックの増減や環境悪化を貨幣額で表示し，国民経済計算に組みこむという試みである．自然資源や環境を物理的な量で集計することは，1970年代半ばからノルウェーやフランスでおこなわれてきたが，それを貨幣単位に換算する点に特徴があり，またそこに難しさもある．その集計値は次の式で表示される．

$$NNP^* = GNP - D_m - D_n - R - A = NNP - D_n - R - A$$

ここで NNP^*：持続可能な国民所得，NNP：国民所得（国民純生産），D_m：人工資本の減耗，D_n：自然資本の減耗，R：自然資本の回復に要する費用，A：環境悪化から派生した被害額（大気汚染など）を表している[15]．自然資本（natural capital）という言葉は日常的にはあまり使われないが，資源や自然環境を指している．人工物資本（man-made capital）というのは，文字通り人間が作り出した資本ストックである．D_n と R の区別はやや微妙であるが，D_n はたとえば再生不可能な自然資源の消費に相当し，それが修復可能であれば R によって代表されると考えればよい．

国民所得は，GNP から人工資本の減耗分を差し引いて算出されるが，「持続可能な国民所得」は，そこからさらに「自然資本の減耗」や自然環境の悪化，環境被害を差し引いて算出するというわけである．R，A の測定も簡単ではないが，おそらくそれ以上に難しいのは D_n の正確な評価である．森林を例にとると，その減少は木材の市場価値だけで計れるわけではない．森林が存在することによる保水能力，あるいは景観，レクリエーションの場としての効用など多様な間接的価値があり，それらをどのように貨幣額で合算するかは大きな問題である．この問題は，第4章3節であらためて取り上げるが，そうした技術的な困難を承知のうえで，環境に関連した価値を国民所得統計のなかに組み入れる試みがあることを，ここでは記憶にとどめておいてほしい．

---

15) Pearce et al. (1989) 第4章，Pearce and Warford (1993), pp. 84-89.

以上の議論をまとめると，GDP ないし GNP の量的増大で計られる経済成長が必ずしも人間を幸福にするわけではない．経済開発の目標は，本来，人々の福祉（幸福）の増進に置くべきであり，その目標を計る指標がこれまでさまざまに工夫されてきた．指標（尺度）が適切に選ばれないと，政策の方向を誤ることは十分にありうるので，指標をめぐる議論が実践的な意味を持っていることは疑いない．しかし現状では，こうしたさまざまな試みが GDP や GNP に代わる指標を確立するまでには至っていない．さらに注意すべきは，人びとの福祉が従来の意味での経済成長によって，促進されるという関係もあることである．とはいえ，経済開発が，狭義の国民所得の成長を目標にして進められると，その過程でいくつかの歪みが生まれてくる．こうした種々の問題を解決できるか否かが，開発政策の試金石になるといってよいだろう[16]．そうした問題は，以下のようにまとめることができる．

1.3　経済開発にともなう問題

格 差

　開発の過程でとりわけ留意すべき社会問題は，貧富の格差拡大である．全体として GDP が伸びても，所得の平準化，機会の均等化という条件を満たす方向に進まないと，社会不安を大きくする原因になる．とりわけ，アジアではインドネシア，スリランカ，またアフリカではルワンダ，ブルンディなどのように，格差は人種・民族の差異に結びつくことが多いので，そうした不公平感が国内紛争を誘発する．それは人的被害を拡大するばかりではなく，貧困からの脱却をいっそう困難にする．貧困は都会よりも地方に多く，男性よりも女性に，しかも少数民族に多い．したがって平均所得水準の引上げだけでは十分でなく，貧困層に集中した対策が必要になる[17]．

---

16)　以下の問題点は，開発経済学の標準的な教科書では多かれ少なかれ扱われている．
　　たとえば，Ray（1998），Todaro and Smith（2002），速水（2000）など．
17)　Todaro and Smith（2002），p. 229 以下．

開発路線が問われるという意味では，戦後のインドに代表される経済政策が1つの素材を与えてくれている．1960年代前半までのインド政府は，ある基幹産業に重点的に資源を投入して育成を図り，やがてその効果が他の部門に波及していくことを期待していた．たしかに当初の段階では，基幹産業とそれ以外の部門との間に格差を生み出すが，やがて生産物や労働力に向かう需要が連鎖的に拡大することによって，国内の発展が均等化する．あるいは少なくとも，格差が縮小に向かうことを想定していたのである．だがこのような均霑（trickle-down）仮説が実際に現実を反映したものであるかどうか，という疑問が残る[18]．さらに，たとえこの想定が実際に妥当したとしても，その波及効果が現れるまでに時間がかかりすぎると，やはり社会不安を生みやすい．権力者が親族や取り巻きとの間で利権構造を形成する，いわゆる「クローニー資本主義」も，経済格差をもたらす原因の1つではあるが，より広く社会的機会の公平性という観点からも批判がありうる．

環境悪化

　過去20年ほどの間に経済成長の目立った東アジアにおいて，環境悪化がしばしば話題にのぼることも，開発路線に再検討を促す材料である．冒頭にも述べたように，ここから経済開発と環境は両立するか否かという重大な問題が生じる．この点は，本書全体を通じて明らかにすべき課題ではあるが，あらかじめ次の点に注意を促しておこう．

　人類の歴史が始まって以来，あるいは少なくとも農耕社会が始まる頃から，自然環境は破壊され続けてきた．地中海沿岸地域にしても，かつては常緑樹と落葉樹の合わさった森林におおわれていたのに，現在みられるのは，ごく限られた面積の森林と荒涼とした剥き出しの大地である．それは農地の造成，薪の採取や羊や山羊の放牧などが相次いだことで植生が破壊されたからであった[19]．また，北米大陸でも西部開拓は自然環境の犠牲の下

---

18) こうした事情は，絵所（1997），pp.44-45, 98などによる．
19) Ponting（1992），訳書，上，p.128以下．

に進められたという歴史がある．したがって人間がこの世に生活している限り，手つかずの自然を保持することなど所詮は望めないということもできる．どこまで自然が変容されることを許容できるか，その判断の基準は何かが問われねばならない．その1つの考え方が，「持続可能性」である[20]．

環境問題との関連で重要なのは，同一世代内での格差（公平）のみならず，世代間の公平性をいかにして確保するかである．経済開発はしばしば自然資源を濫用するという弊害をもたらし，再生不可能な資源の浪費は世代間の公平性という問題を浮かび上がらせる．この点も，第4章であらためて論じることにしよう．

自由化・「グローバル化」

以上の問題点とは性格がやや異なり，むしろ開発路線の政策手段にかかわることではあるが，近年，中南米やアジアに通貨・経済危機がたびたび発生したことも注目すべきである．その背景には，いわゆる「グローバル化」した資本移動の下で，途上国も対外資本取引や国内の経済システムを自由化してきたことがある．これに関連して，途上国がどこまで自由化政策を進めるか，自由化を進める場合に留意すべき条件は何か，さらには，各国の経済システムに固有な要因をどこまで残すべきか，あるいは残すことができるかといった，開発政策のあり方に密接に関連するいくつかの難問がある．

最初の2つの疑問に関しては，少なくとも，貿易の自由化と資本取引の自由化との間にはいわば次元の違いがあり，とりわけ発展途上国が資本移動の自由化をおこなう際には，「自由化の順序」という議論があるように，慎重な配慮が必要になる，ということはできる[21]．しかし後の2つの疑問に関しては，簡単に答えを出すことはできない．本書では，「グローバル化」が発展途上国の開発に貢献するか，あるいは南北格差を拡大するかという

---

20) Pearce and Warford (1993)．
21) この点は，石見 (2001) でも論じたが，貿易自由化に関しては，Todaro and Smith (2002), ch.12 をあわせて参照されたい．

問題として，第2章でやや詳しく論じることにしよう．

　また環境問題に関連して，次の点に注意を促しておきたい．すなわち，第1に経済活動の「グローバル化」にともない，環境問題の規模も地球大に広がってきた．たとえば，それは環境規制の国ごとの違いによる「汚染の輸出」や，貿易増大が途上国において自然資源の消費を加速しているといった批判に現れる．しかし第2に，経済活動が必ずしも国境を越えて広がらなくとも，地球温暖化のように，その影響が地球規模に及ぶことがあり，それに応じて対策も多国間で取り組む必要性が大きくなっている．第1の問題は第5章で，第2の問題は第7章で各々詳しく論じることにしよう．

第2章

貧困と経済格差

貧困地域の元気な子どもたち（シエラレオネ）．
(2004年1月，毎日新聞社提供)

2.1 貧　困

　経済開発の唯一ではなくとも，主要な目的は，所得水準の上昇であり，言葉をかえていうと，それは貧困の解消にほかならない．したがって貧困の研究は開発経済学の核心になるテーマである．また「貧困」と「環境保全」とは密接に関連しているが，その相互関係については第3章に譲り，ここではまず貧困問題を取り上げることにしよう．

貧困はなくならないか

　河上肇の『貧乏物語』(1917年) がその後長く読み継がれてきたように，日本でもほんの数十年前まで貧困は最も深刻な社会問題であった．貧困のもっとも分かりやすい定義は，所得が生存可能な水準（貧困線）以下の状態である．『貧乏物語』でも「貧乏線」とは何かという説明から始まっているが，高度成長を経た日本では，こうした概念の適否が議論されることはほとんどなくなった．しかし発展途上国では，今でも貧困の解消が最も真剣に取り組まれるべき課題である．世界の貧困問題が語られるときに，しばしば次のような数字が紹介される．現在の世界で全人口（60億人）の内で約半分の28億人が1日2ドル以下で，また5分の1に相当する12億人が1ドル以下で生活している．しかも，この12億人の中で44％は南アジアに居住している，と[1]．たしかに，1日1ドルという水準は厳しい生活実態を予想させるが，それが貧困線以下の「絶対的貧困」を意味するかどうかは，生計費にも依存することに注意する必要がある．

　さらに貧困線は，必ずしも物理的に最低限の衣食住といった条件で定まるのではなく，歴史的，文化的背景に応じてさまざまに変わりうる．たとえば遠隔地に住み，食糧が自給できなかったり，医療，行政サービスを身近にえられないときには，自家用車を持つことが生存に必要な条件になる場合もある．また現在日本の都会では，テレビや携帯電話を持っていても，

---

1) 以上，World Bank (2001), p 3.

生活に困難を来たしていることもありうる．貧困に絶対的な基準を設定することは難しく，あくまでも相対的なものである，というのも1つの立場である[2]．

絶対的な基準はともかくとして，傾向として貧困化（窮乏化）が進行してきたかというと，その答えは否定的である．後掲の表2-3が示すように，低所得国（いわゆる最貧国）においても人口が増加している．それは，後述するように「多産多死」型から「多産少死」型へいわゆる人口転換が生じた結果であるが，別の視点に立つと，生存の絶対的条件が改善してきたことを意味する．実際のところ，同表が示すように，低所得国においても過去数十年間にわたり1人当りのGDPは増加してきたのである．途上国の飢餓人口は1971年の9億2,000万人から1997年には7億9,200万人にまで減少した．人口はこの間に増加しているから，飢餓人口の割合は約35%から18%にまで低下したことになる．また途上国の平均余命は1950年に41歳であったのに対し，1998年には65歳にまで延びた．後者の余命は1940年代末のイギリスやアメリカに等しいのである[3]．

こうした数値から導かれる印象と，飢えに苦しみ，時には餓死する人びとが多数いる現実との間にギャップがあるのは，なぜだろうか．たしかに統計数値にまったく疑問がないわけではないが，その一方で，私たちの発展途上国（最貧国）に関するイメージがマスメディアの発達や情報の「グローバル化」によって形作られてきたことにも留意する必要があるだろう．マスメディアの映像では長期の変化が捉えられないし，悲惨な断面が強調される傾向があることもあながち否定できない．そのうえ，貧困や飢餓は特定の地域に集中し，しかも自然災害や内乱など予測しがたい変化によって激しくなることにも理由があるだろう．

むろん飢餓人口が全体として減少したとはいえ，全世界で8億人近くもいるという現実はきわめて深刻であり，何らかの解決策を求めている．開

---

2) 所得の上昇につれて，貧困線も変化してきた実例は，Kanbur and Squire（1999），p.3．貧困や人間開発指数の計測に関する論争については，山崎（1998）も参考になる．

3) Lomborg（2001），pp.51, 61.

発経済学がどのようにすれば貧困を解消できるかという究極の目標を背負っていることは,現在においても変わらない.それはその通りであるが,貧困問題が悪化の一途をたどっているか,あるいは改善の兆しを示しているかを明確にすることは,社会科学にとって重要な課題である.これまでの開発政策や援助政策の効果を判定するうえで,その点の評価が1つの試金石になるからである.

相対的貧困

絶対的な窮乏化がみられないとすると,問題は「相対的な」貧困,すなわち所得格差が拡大しているか,縮小しているかである.経済成長率と所得格差との間に明確な関連はないといわれるように[4],絶対的な貧困が減少したとしても相対的な貧困が深刻化することはある.格差といっても国際的なものと一国内のものとに大別されるが,南北の格差については後であらためて取り上げるとして,ここではまず国内的な格差についてみることにしよう.

窮乏化論として古典的に有名なのは,マルクスの「搾取」説である.一方で労働者は生存賃金ぎりぎりのところまで「搾取」され,他方で資本家が剰余価値を取得すると,所得格差は拡大する.周知のようにマルクスの説は,近代化した,あるいは近代化の途上にあった資本主義諸国を対象にしたものであるが,19世紀以来の資本主義社会において,労働賃金が名目ベースでも実質ベースでも傾向的に低下してきたとはいえない.少なくとも西ヨーロッパの先進諸国においては,マルクスがプロレタリアートとみなした労働者階級は19世紀末から組合結成などを通じて賃金交渉力を強めたので,賃金は下方硬直性をもつようになった.また政府は,とりわけ第1次世界大戦後に所得の再分配を通じて貧困を減少させる政策,いわゆる「福祉国家」政策をとってきたことも,格差の縮小をもたらした[5].

---

4) Todaro and Smith (2002), pp.219-220.
5) 石見 (1999), pp.56-58, 63-66, 85-87. 19世紀における英,独,仏の賃金動向は,同書図2-1を参照のこと.

マルクスの「搾取」説が強調するように，生産手段（資本）を持つか否かで格差が生じるという側面に着目すると，途上国では大土地所有制が大きな問題になる．農業が支配的な産業である途上国では，土地の所有関係が経済格差にとって決定的な要素であることは疑いない．アメリカ政府も途上国向けの政策勧告では農地改革の意義を高く評価してきた．第2次世界大戦後の日本，台湾，韓国，などでアメリカ占領軍が農地改革を推進したのは，そうした考えが基礎にあり，それに加えて共産主義の浸透を防止するという政策意図も働いていた．しかし途上諸国のデータを詳しく調べた結果によると，土地所有の偏在それ自体よりも，所得全般の不平等の方が社会不安との間に強い相関関係がみられるといわれる[6]．もしそうだとすると，土地改革を実施しても，たとえば急速な社会的，経済的変化により所得格差が拡大すると，政治的，社会的な安定は実現しないことになる．

　土地改革にたいする評価は，第2次世界大戦後には高かったが，その後1970年代以降に後退してきた．それは，経済学が情報の問題など新しい理論的展開をとげたことにも関係している．土地改革には，土地の再分配と小作制度の廃止という2つの側面があり，この2つは機能のうえで必ずしも同じではない．農業は規模の経済性が働きにくいので，土地（正しくは経営単位）を再分配しても，技術的な理由から生産効率はそれほど落ちない．むしろ農民の経営意欲を刺激し，生産性を向上させるという効果が期待される．そうだすると，逆に小作制を残しながら，農民の勤労意欲を高めることはできないかという疑問が生じる．さらに情報やリスクの観点を重視して，小作料を収穫物の一定割合として定める分益小作制(share-cropping)には，合理性があるという説も登場した．この制度は農民の勤労状況をたえず「監視」する必要をなくすのみならず，収穫の変動が大きいという農業特有のリスクにふさわしい保険機能もはたす．またこの契約では通常，肥料や種子などを地主が前貸しすることも多いので，信用機能もかね備え，不完全な金融市場を補完する役割をはたすというのである[7]．しかしだから

---

6) Muller and Seligson (1987).
7) Rashid and Quibria (1995). 速水 (2000), pp.299-300. こうした議論がインドの実

といって,小作制度を政策的に残すことが発展途上国の経済発展に有利になるとはいえない.

　ラテンアメリカ諸国ではLatifundioと呼ばれる大土地所有制が支配的である.大土地所有者が政権を左右するほどの影響力をもち(寡頭政治),社会経済改革を抑圧する要因になっている.しかも彼らが経営する農園は,小規模な家族農業経営よりも生産効率が低いという結果が導かれている[8].こうした状況を打開するには,やはり土地の再分配が必要になるであろう.長期的な成長率は,所得格差よりも,土地などの資産保有の格差によってマイナスの影響が大きいという実証研究もある[9].それは,おそらく土地の再分配が農民の経営意欲を刺激するということに関連しているであろう.

　また経済格差はどの単位で計るかによっても評価が異なってくる.家族単位で計ると,そのなかに残される個人間の格差,とりわけ男女間の格差が見失われてしまうという批判がある.伝統的な社会ほど女性の地位は低く,それは経済力の差という形にも現れる.したがって最近の開発政策では,性差(ジェンダー)にも十分な配慮が求められている.しかし性差を解消していくことは,宗教や伝統文化の尊重と衝突することもあり,2つの目標を調和させることは決して簡単にはいかない.

中国とインドの状況

　近年になって成長著しい中国は,とりわけ相対的貧困を考えるうえで興味深い.中国では,少なくとも1970年代末に改革開放政策が着手されて以来,貧困者の量は絶対数においても,全人口に対する比率においても低下してきた.しかし1日1ドルという世界銀行の「貧困線」を基準にすると,1990年代の後半でも全人口の20%以上が貧困層に分類される.その大半は農村で,しかも自然的条件が厳しい僻地に居住する人が多くを占める[10].最近で

　　　態を強く意識していることについては,Bardhan(1980).
8) Todaro and Smith (2002), pp. 430–432.
9) Deininger and Sqire (1998).
10) 中兼(1999),第4章.

表 2-1　中国の省別 1 人当り GDP（単位：元）

	1957年	1980年	1990年	2000年
北京市	1,277	3,662	4,538	17,808
天津市	1,057	3,498	3,591	16,374
河北省	234	875	1,455	7,527
山西省	328	941	1,480	4,974
内蒙古自治区	353	778	1,475	5,909
遼寧省	605	1,855	2,714	11,015
吉林省	409	1,117	1,742	6,712
黒龍江省	527	1,277	2,018	8,815
上海市	2,290	6,364	5,892	27,186
江蘇省	273	1,263	2,093	11,542
浙江省	252	972	2,120	12,880
安徽省	195	576	1,162	5,065
福建省	248	675	1,743	11,294
江西省	238	746	1,102	4,831
山東省	199	861	1,794	9,409
河南省	171	618	1,081	5,538
湖北省	278	942	1,517	7,094
湖南省	183	712	1,218	5,728
広東省	279	956	2,357	11,000
広西自治区	168	557	1,058	4,536
四川省	253	827	1,503	4,823
貴州省	149	403	796	2,817
雲南省	200	507	1,453	4,559
陝西省	244	752	1,218	4,607
甘粛省	239	766	1,078	3,837
青海省	341	981	1,566	5,077
寧夏自治区	223	829	1,395	4,715
新疆自治区	466	826	1,792	7,091
平均	417	1,255	1,891	8,313
標準偏差	448	1,260	1,116	5,290
変動係数	1.07	1.00	0.59	0.64
ジニ係数	0.41	0.38	0.26	0.30

資料：中島（2002）．
註：海南省，重慶市，チベット自治区は年次によってデータの欠落があるので除いた．

は高成長の沿岸部と内陸部との格差がとりわけ注目を集めているので，その参考として表 2-1 は省ごとの 1 人当り GDP をまとめてみた．
　これによると，最高の所得水準が上海市であり，次いで北京市，天津市という順序は，1957 年から 2000 年まで変わっていない．改革開放前の 1957

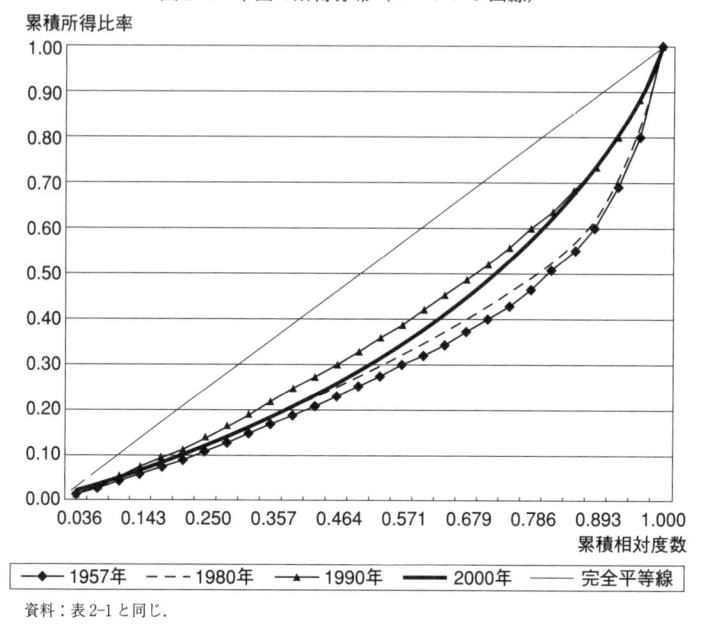

図2-1 中国の所得分布（ローレンツ曲線）

累積所得比率／累積相対度数

凡例：1957年　1980年　1990年　2000年　完全平等線

資料：表2-1と同じ．

年では社会主義の理念が強かったので，格差は目立たなかったかというと，変動係数やジニ係数でみるかぎり，1990年や2000年よりもかなり大きい．これら2つの係数が大きいほど，格差が大きいことを意味する．その後の変化をみても，1990年まではこれら2つの係数が下がり，ようやく1990年から2000年にかけてわずかに上昇しているにすぎない（図2-1も参照）．こうした傾向からみるかぎり，改革開放後に所得格差が一方的に開いたという印象はみられないのである．

おそらくその1つの原因は，省別GDP統計の不正確さにあると思われる．中国でGNP統計が使われ始めたのは1985年以降のことであり，それ以前の数値は，1990年代半ばに再計算したものである[11]．とりわけ地方の所得統計には，推計上の歪みが大きいであろう．あるいは，1980年代前半に農

---

11) 中島（2002），pp.10-11.

村部の改革と経済発展によって貧困人口が急減したともいわれる[12]．この影響が大きかったとすると，1980年から1990年にかけて格差が大きく縮小したという結果は，むしろ実態に近かったのかもしれない．しかし都市と農村の間で顕著であるとされる経済格差は，同じ省のなかでも存在するので，省ごとの1人当りGDPの比較では捉えきれない可能性も大きい．

中国政府も「西部開発」政策のように内陸部の経済発展を促す政策によって格差の是正に努めようとしているが，こうした政策に対して少数民族からの批判がある．開発によって所得水準が向上することは歓迎すべきことかもしれないが，漢民族の主導の下に進められる政策によって，民族固有の文化が失われるというのである．さらに政治的な自立性が損なわれるという危惧もある．特にチベットのように，宗教の影響が強い地域には，文化摩擦が無視できない．

世界の貧困人口が最も多く集中している南アジア，なかでもインドの状況はどうだろうか．インドについては，貧困線以下の人口推計がいくつかあり，1960年に農村人口の38%，都市人口の32%がそれに当たるとされた．最低限の支出額（栄養摂取量）についての推計によって，その割合は変化するが，根本的には，食糧が絶対的に不足しているのではなく，それを買う所得がないことに問題がある．インドは1990年代に成長局面に入ったが，全世界の貧困層の約半分が集中していることに変わりはない．全人口約10億の中で44%（4億人強）が貧困層に分類され，その大半が農村に居住しているが，地域的には北部のヒンディーベルト地帯が多い[13]．

貧困人口は経済成長によって減少するはずであるが，インドの成長率が高くなっても，貧困層の占める割合が減少したかどうかで意見が分かれている．1990年代は高成長にもかかわらず，1970～80年代の貧困減少傾向にむしろブレーキがかかったという極端な評価が一方にあり，他方で公式推計は，貧困人口が1993/94年の36%から1999/2000年には26%にまで下

---

12) 加藤・陳（2002），p.101.
13) Balasubramanyam（1988），訳書，p.36以下．最近の状況は，黒崎・山崎（2002）による．

がったとしている．1999/2000年の貧困人口は15%にすぎないとみる人もいるが，世界銀行の推定は35～40%である．このような意見の相違は，何よりも統計の信頼性に原因がある．第1にインドの国民経済計算によるか，この国で最も整備されたNSS (National Sample Survey) 統計によるかという違いであり，第2に，より信頼性が高いとされるNSSの消費統計にしても，時期によって推計方法に変化があったので，必ずしも連続性がないことなどが理由である．公式推計のように10%ポイントも貧困人口が減少したとするのは過大評価とみる人が多い[14]．

農業の成長が貧困を減少させることは間違いないが，この国では土地なし農業従事者が貧困層の大部分を占めるので，土地改革にはそれなりの効果が期待できる．しかし分益小作制度の合理性を指摘する議論がインドから生れたことは皮肉である．ラテンアメリカとインドとの間には歴史上，慣習上の違いがあるとはいっても，大土地所有制や小作制度を擁護する議論は貧困問題の解決を遅らせることになりかねない．

ジニ係数とその限界

所得や資産などの格差を計測する指標としてよく使われるのがジニ係数である．これは，図2–2 Aのようにローレンツ曲線と45°線の間にある領域の面積を，45°線と横軸を二辺とする直角三角形の面積で割った値で表す．完全に平等な場合は0，そして1に近づくほど不平等の度合いが大きいことを示す．所得区分は細かくするほどローレンツ曲線は滑らかになるが，通常は5～10区分でおこなわれている．しかしジニ係数にも限界があることを忘れてはならない．図2–2 Bのように，2つのローレンツ曲線が交わっていて，面積aと面積bが等しいとジニ係数は同じになる．だが，曲線Aでは所得分布が中位より下層と最上層に偏っているが，曲線Bでは中位よりやや上層に集まっているという違いがある．どちらをより平等であると判断

---

14) "Poverty Measurement, Monitoring and Evaluation in India : An Overview," *Economic and Political Weekly*, Jan. 25, 2003 あるいは，Bhalla, S. S., "Recounting the Poor : Poverty in India, 1983–99," *Economic and Political Weekly*, ibid.

するかは，要するに「公正」の基準は何かという問題に帰着する．

なおもう一つの指標となる変動係数は，各標本が平均値に対してどのていど分散しているかを数量化したものである．この値が大きいほどバラツキが大きいので，所得分布の格差も大きいと解釈することができる．

図 2-2 A　ジニ係数の図解

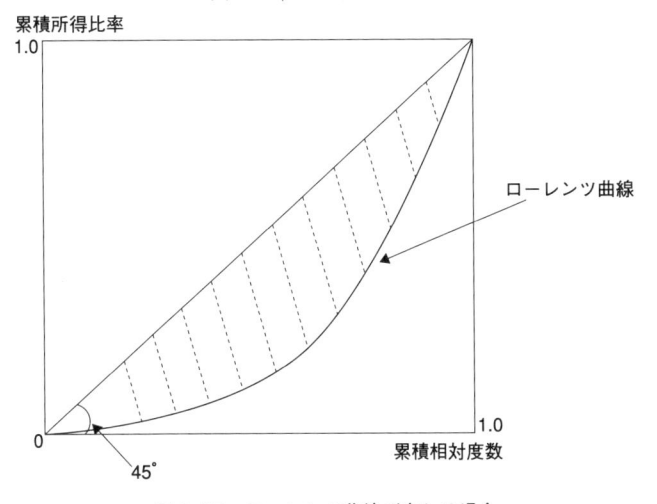

図 2-2 B　ローレンツ曲線が交わる場合

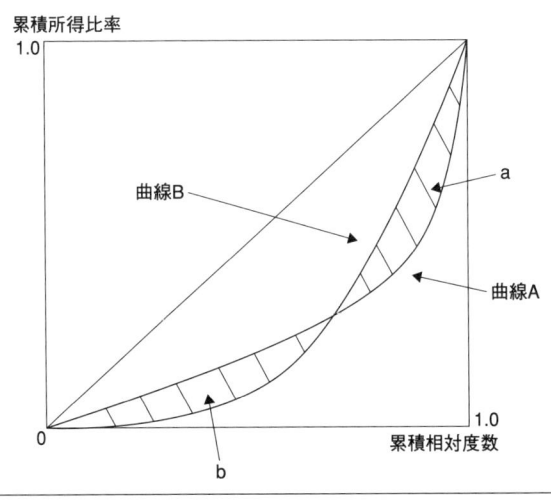

豊かな時代の飢餓

　見出しに掲げた語句は，Sagari Chhabra（サガリ・チャブラ）という女性監督が作った短編記録映画の題である．私がニューデリーでみたこの30分ほどの映画は，インドで全国民が必要とする穀物は2千万トンであるのに，在庫は6千万トンもあり，その一部は腐り始めているという描写からはじまる．旱魃に襲われた地域や僻地の山村で，身動きする活力すら失い，ただ横たわっているだけの若者，子供に与える食べ物がないと嘆く母親，ある一家の主人は，「先週には娘が死に，その後，息子も死んでしまった」とマイクに向って答える．その一方で，裕福な人たちはぜいたくに飲み食いし，健康ジムで減量トレーニングにはげんでいる．しかもこの国は核兵器まで持っている．

　当日は上映後，この映画を作った監督も参加して議論の場が設定されていた．監督は意外なことに，たおやかな淑女，国内外でいくつかの受賞歴もあるらしい．発展途上国の貧困や飢餓は，しばしば日本のテレビでも伝えられているが，この映画の印象は強烈で，心が痛む思いがした．ぜひ日本の学生にも見せたいという考えが浮かんだので，上映できるかどうか監督に尋ねてみた．だが彼女から返ってきた言葉は，「まずこの国の人に考えてもらいたいのです」，「これは，簡単には説明できない，とても複雑な問題なのです」．返事は期待はずれに終わったが，よくよく考えてみると，この答えはきわめてまっとうなものというべきだろう．外国人に知らせるよりも，まずインド人自らが考え，解決すべきというのが，たしかにこの映画のメッセージにふさわしい．

　なぜ貧困対策が効果を生まないのだろうか．その解答を見出すべき責任は，女性監督にならえば，まずインド人自身にあるというべきだろう．いささか不謹慎な言い方になるかもしれないが，インドでは「貧困」が一種の「売り物」になっているような気さえする．数億もの人口が飢餓の線上にあることで，外国から援助資金や研究者の関心をひきつけやすい．開発経済学の理論や概念には，インドの実情から生まれたものが目立つし，ノーベル賞の受賞者をはじめとして，海外の大学や国際機関で活躍している

インド出身の経済学者も数多い．流出した「頭脳」が母国に戻り，貧困の解決に専念することは，できない相談であろうか[15]．

2.2 クズネッツ曲線

所得格差と経済発展との関係については，クズネッツ曲線に関する議論が有名である．クズネッツ（S. Kuznets）は長期の経済成長に関する理論的，実証的研究によって1971年にノーベル経済学賞を授与された．開発経済に関する教科書でよく取り上げられる彼の仮説は，（1人当り）所得が上昇するにつれて格差は拡大するが，ある一定水準（Y_t）を超えると逆に格差は縮小するという内容である（図2-3を参照）．この仮説は，経済が成長するにつれて相対的貧困は解消していくという含意であり，先進諸国が19世紀以来たどってきた歴史とほぼ符合している．経験的な事実の検証は，これまでデータの制約から一般に各国のクロスセクション分析でおこなわれてきた．しかし国が違うと，所得水準の差だけではなく，制度的，歴史的与件の違いから生じる影響が大きな意味をもつので，その解釈には注意を要する[16]．

さらに検証するのに十分なデータがあるかどうかという点も問題になる．途上国では統計数値がえられても，それがどこまで実状を反映しているかに疑問が残ることはやむをえない．そうした制約付きのデータからみても，社会主義国，途上国，先進諸国の間に明らかにパターンの相違がある．社会主義国の所得格差が最も小さいことは予想の通りであるが，一般に途上国内の格差の方が先進諸国内よりも大きい[17]．

図2-4は，115ヵ国のデータからジニ係数を縦軸に，所得水準を横軸にとって，両者の関係を検討したものである．多数の低所得国が大きなジニ係

---

15) 石見徹「極端な国インド」『東京新聞』2003年8月4日（夕刊）から一部転載した．
16) たとえば，Seligson and Passé-Smith（1998）のPart 2には関連した論文が集められている．
17) Ahluwalia（1974）．

図 2-3　クズネッツ曲線

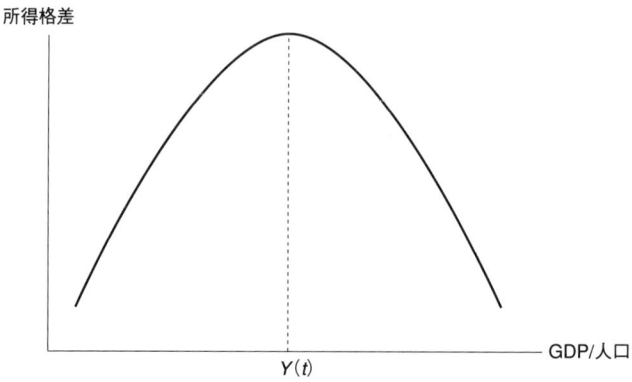

数を示しているので，図 2-3 のような逆 U 字型の関係は現れてはいない．むしろ所得水準が上昇するにつれて格差が縮小するという印象が強い．ところが多数の低所得国を除くと，逆 U 字型の曲線が現れるのである[18]．むろん格差を示す指標はジニ係数に限らない．その他の例では，たとえば各国の上位 10% と下位 10% の階層を取り出し，上位の所得が下位の所得の何倍になるかを調べることもある．

　経済が成長すると，実際の格差の縮小はわずかであっても，たしかに下層所得の底上げは実現する[19]．さらに経済が成長する局面では，上層から下層への所得再分配もおこないやすくなるといってよいだろう．すなわち，経済が成長している場合には下層の不満は抑えられやすくなる．逆に成長が停滞している時期には，下層への所得再分配は難しくなる．近年では先進諸国でほぼ共通して，高い累進所得税への不満がとりわけ所得上層部で大きくなり，累進性を緩和する方向で税制改革が進められている．

---

18)　たとえば速水（2000），p.193 の図 7-2．
19)　Deininger and Squire（1996）．

図 2-4　1 人当り GDP とジニ係数

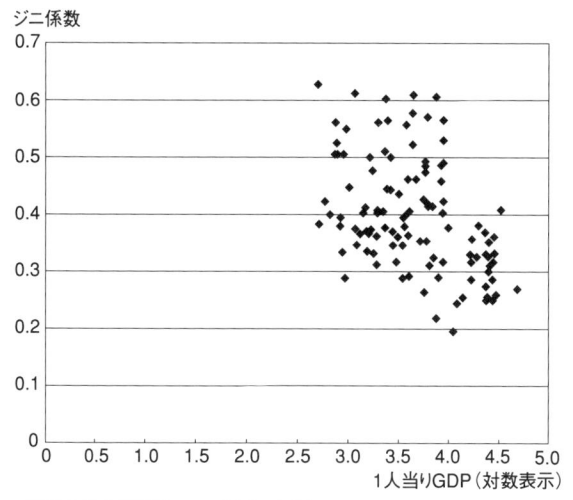

回帰分析の結果は，$Y = 0.73 - 0.09 X$
　　　　　　　　　　　$(11.85)(-5.41)$

Y：ジニ係数，X：1 人当り所得（対数表示），カッコ内は t 値．標本数：115，$R^2 = 0.21$

資料：UNDP, *Human Development Report 2002*.

註：ジニ係数の年次は 1990 年代であるが，国ごとに一定してはいない．それで 1 人当り GDP は 1990 年と 2000 年（いずれも購買力平価ドル表示）の平均値をとった．

地域的特徴

　格差が縮小に向かうか否かに関して，一般的な発展傾向よりも地域的な特性を重視する人びともいる．なかでも東アジアとラテンアメリカでは様子が異なることが注目される．中南米諸国では，大土地所有制の存在，最低賃金制の不備などの理由で，一般に所得格差が大きい．国ごとのクロスセクション分析でクズネッツ仮説を検討すると，中所得国のグループに属する中南米諸国の格差が大きいので，見せかけの適合性をもたらすことがあり，これは「ラテン効果」と呼ばれる[20]．ちなみに 1980 年代の土地所有

---

20)　Ray (1998), pp. 207-208.

に関するジニ係数を調査した結果によると,ラテンアメリカ諸国で0.75以上であるのに対し,アジア諸国で0.51から0.64の間,アフリカでは0.36から0.55の間であった[21].明らかに中南米諸国に土地所有の不平等が目立っている.こうした諸国では農地改革が大きな課題であることはすでにふれた.

　経済的に成功した東アジアの諸国では,所得格差が小さいという特徴もある[22].それでは所得格差の小さいことが経済的成功を導いた原因かというと,それには理論的,実証的な吟味がまだまだ必要である.この仮説が成り立つと,所得の平準化は経済成長にも貢献することになるが,逆に第3の要素,たとえばそれが社会的におこなわれるか,私的におこなわれるかにかかわらず,教育への投資が成長と平準化の両方に働いた,という可能性もある.また東アジアのなかでは,韓国や台湾,日本などで実施された農地改革が所得の平準化と経済発展をともに実現する要因であったという説が有力である[23].

　Oshima (1992) は,アジア諸国についてもクズネッツの仮説は妥当するとしているが,Fields (1995) は,アジアに限らずその他の地域の途上国からも広範に時系列データを集めた結果,特定の傾向は検証できないとした.いずれの説が正しいか決め手はないが,成長そのものよりも,成長のパターンや政策によって結果が大きく異なることはたしかである.

　以上のように,クズネッツ曲線の妥当性に関して,実証研究が多くなされてはいるが,まだ決定的な結論はえられていない.それにもかかわらず,この仮説が注目を集めるのは,この説から経済発展のプロセスについて種々の重要な事実が浮かび上がってくるからである.そうした事実に光を当てたことに,クズネッツ仮説の本来の意義があったというべきである.

　経済発展にともなう種々の社会・経済的,政治的変化はさまざまであるが,仮に逆U字型が成立するとなると,その要因としては,次のようなも

---

21) Tietenberg (2000), pp.540–541.
22) World Bank (1993), 訳書, p.32.
23) 絵所 (1997), pp.152–153, またRashid and Quibria (1995) を参照せよ.

のが考えられるだろう．

1）　政治・社会的意識

　発展の初期段階では格差への「許容度」は概して大きいが，後になれば社会意識が高まり格差を放っておけなくなるので，再分配政策が強化される．先進諸国が辿った歴史によると，それは社会心理の問題というよりも，民主主義の思想が広がったり，選挙制度が整えられたりすることによる．しかし発展途上国では，こうした変化が「開発独裁」体制から議会制民主主義へ移行する過程と，必ずしも重なるわけではない．たとえばスハルト政権下のインドネシアのように，共産党の影響を排除する過程で独裁政権が生れると，所得格差を放置することは政治的に難しいかもしれない．開発成果である所得を貧困層へ再配分することは，政治的・社会的不安を除くという意味でも，きわめて重要である．そして政治的・社会的に安定すると，成長が促進されやすいことは疑いない．しかし中南米では，左翼ゲリラの脅威があっても，格差を是正する政策が出てくる兆しはみえない．

2）　就業構造の変化

　伝統的な経済のなかにより成長性の高い分野が登場しても，その成果が社会全体に行きわたるまでの間，当初は格差が拡大する．しかし近代部門の成長が他の部門にも波及していく段階になると，格差は解消に向かう．既述のように均霑説もこの段階で妥当してくる．同じように農村の過剰人口がより高い所得を求めて都市に移動すると，所得は平準化されやすい．すなわち，経済発展は「絶対的」貧困のみならず，「相対的」貧困をも解決するのである．とはいえ，こうした効果はしばらくの間，現れないこともある．実際に格差がどの時点で，どの程度まで縮小するかは，過剰人口の量ばかりではなく，工業化の速度や，それを支える技術の性格にも依存する．技術集約的よりも労働集約的な工業化の方が雇用を増加させるので，所得格差も縮小しやすい．労働集約的な工業化の方が途上国の現状に適合していることはいうまでもないが，しばしば逆の政策が採用される．

また農村から流出した多数の労働力は，必ずしも近代的な部門に雇用を見出すわけではない．都市にスラムが発生するのはそのためであるが，それでも雑多なサービス労働で生活することができるので，農村よりも概して所得水準は高い．逆に，過剰人口を抱えた農村から近代部門や都市への人口移動が制限されていると，所得格差は解消し難い．最近の中国では沿岸地域の経済発展が目覚しく，労働力への需要も伸び続けているが，内陸部ではまだまだ「貧困」の解消にはほど遠いといわれる．居住地の変更に制限があるので，賃金の均等化が生じ難いのは事実であるが，もう1つ，農村部に残る過剰人口があまりに大量であることも，移動の制限を残す要因に加えるべきかもしれない．いずれにしても，こうした格差が残存し，拡大していると，社会的な不満が大きくなることは避けがたい．

ルイス・モデルと「転換点」

　伝統的な部門が支配的な途上国経済に，近代部門が登場した場合の労働力移動を取り上げたのが，ルイス（W. A. Lewis）のモデルである．このモデルでは伝統部門と近代部門の二重構造が前提されている．主として農業から成る伝統部門には「無制限」の労働力供給があるので，限界生産性はゼロ，賃金は生存維持にようやく可能な水準に保たれている．その一方で，近代部門では賃金に限界原理が妥当する．近代部門は資本蓄積の拡大につれて伝統部門から労働力を調達するが，伝統部門の限界生産性はゼロなので，労働力が流出しても，さしあたり賃金水準は相変わらず生存維持水準にとどまる．しかし近代部門の雇用がある一定の限度を超えると，やがて伝統部門の賃金も上がりはじめる[24]．このように伝統部門の賃金が上昇し，労働市場の需給関係に変化が訪れる局面を「転換点」と呼ぶが，どの時点で「転換点」が現れたかを実証的に確定することはさほど簡単なことではない[25]．

---

24) Lewis (1954).
25) 日本における論争は，南（1981），p.244 以下を参照．

> またこのモデルからもう1つの「転換点」を導くことができる．伝統部門の代表である農業は，近代部門に食糧を供給している．農業から労働力が流出し，限界生産性がゼロでなくなる「転換点」に達すると，食糧生産が減退し，価格が上昇するようになる．食糧価格が上昇し，近代部門の労働賃金が利潤率を圧迫する事態が訪れると，経済発展それ自体までもが制約されかねない．こうした事態を避けるためには，近代部門の資本蓄積と並行して，農業の生産性上昇が必要になる[26]．

開発政策との関連

それでは格差の存在，あるいはそれを是正する所得再分配政策は成長にどのように影響するだろうか．格差の縮小が成長率を押し上げるか否かについて一律に答えを見出すことはできない．いかなる開発路線が採用されるかによって結果は異なってくるというのが無難な答えだろう[27]．

たとえば経済開発を促すために，意識的に格差を作り出す政策が採られることもある．工業化に必要な資金を農村部から調達（収奪）するという政策がそれであり，この路線をとると，農村の税引き後の所得が低下し，工業部門の投資が促進される．このようなソ連初期の工業化政策は，プレオブランジェンスキーによって「社会主義的原蓄」と呼ばれ，スターリンの農業集団化にもその影響がみられる．農業（農村）から工業への所得移転によって工業化を促進する政策は，実は戦前のソ連に限らず，第2次世界大戦後においても多数の発展途上国で採用されていた．その結果，農村と工業地域あるいは都市との格差が開いたり，農業や食糧の生産が停滞したりという事態を招いた．これはソ連の工業化計画以来，長年にわたり失敗を繰り返してきた政策であった．こうした路線がとられたのも，実は資本蓄積の資金を国内で調達するしかなく，しかも国民経済のなかに占める

---

26) 速水 (2000), p.86 以下, Ray (1998), p.353 ff. ちなみに後に Lewis (1978) は，途上国における人口増加に対処するために，農業部門でより多くの雇用吸収と生産性向上が必要なことを指摘している．p.241 以下．

27) Todaro and Smith (2002), p.219 以下．

農業の比重が大きいという与件から出発するしかなかったことによる．逆にいうと，国外から資金を導入する機会が広がれば，別の路線をとる余地も出てくるだろう．

　ハロッド＝ドーマー・モデルが示唆するように，貯蓄＝投資が成長の前提になるとすると，成長にとっては貯蓄性向の形状，すなわち所得の上昇にともなって貯蓄が逓減するか，逓増するかという違いが大きな意味を持つ．貯蓄性向が所得の上昇につれて逓増する場合は，高所得層から低所得層への所得再配分は平均貯蓄率を下げるので，成長に逆行する．しかし途上国でよくみられるように，高所得者の貯蓄が国外に流出している場合（資本逃避）は，国内の成長に貢献することはない．逆に所得上昇につれて貯蓄性向が逓減する場合には，上層から下層へと所得再分配政策が働くと成長を促進することになる[28]．とはいえ，高所得者のみならず低所得者の貯蓄性向が高くとも，それが有益な投資に向かわないと，成長が停滞することもある．

　インドでは，独立後しばらくの間ハロッド＝ドーマー・モデルを基礎にして5ヵ年計画が立てられていた．たしかに貯蓄＝投資比率は高かったが，期待に反して成長率は低かった．それは投資生産性の低さ（限界資本係数の大きさ）が原因であり，その結果は資本稼働率の低さとなって現れていた．その背景には需要不足があったといってもよいが，より詳しくいうと，投資の内容が人びとの必要とする財の生産に結びついていなかったとみることもできる[29]．

ハロッド＝ドーマー・モデル[30]

　ハロッド＝ドーマー・モデルで重要なカギになるのは，資本係数である．

---

28)　以上の議論は，Ray（1998），ch.7 を参照した．
29)　Balasubramanyam（1984），第4章，インドの開発政策の変遷に関しては，絵所（1997）も参照．
30)　以下の経済成長の諸理論に関しては，Todaro and Smith（2002），ch.4, 5 を参照．

資本係数は $v=K/Y$ すなわち，1単位の産出（Y）に対応する資本量（K）を表す．

ここで Y：所得，S：貯蓄，s：貯蓄性向，I：投資，ΔK：資本増加分．恒等式の $S \equiv I$ から $I=\Delta K$ を使って変形すると，
$$sY \equiv \Delta K$$
がえられる．

資本係数は一定だと仮定すると，$\Delta K = v\Delta Y$ となり
$$sY = v\Delta Y$$
この式を変形して
$$s/v = \Delta Y/Y$$
$g=\Delta Y/Y$ とすると
$$g = s/v \tag{1}$$
となる．

ここで v：（限界）資本係数，g：経済成長率を各々表す．

この(1)式によると，経済成長率は貯蓄率と限界資本生産性（限界資本係数の逆数）の積で表示される．すなわち，経済が成長するためには，一定の投資（＝貯蓄）が必要であり，成長率は，所得のなかからどれだけの割合を投資に向けるか，また投資がどれだけの産出物の増加を生み出すのかという関係に規定される．限界資本生産性が変わらないと仮定すると，成長率は貯蓄率（投資率）によって決定されることになる．したがって途上国で貯蓄率が十分に大きくない場合には，貯蓄を増進させたり，先進諸国から投資や援助の形で資本の流入を促すことが政策的な帰結になる．

しかし限界資本係数が変わらないとみるのは極端な仮定であり，収穫逓減を前提すると限界資本係数は増大すると考える方が自然である．そうなると，貯蓄率が増加しても成長率はそれに応じて増加することはない．

新古典派成長論

ハロッド＝ドーマー・モデルは生産要素として資本だけに着目しているが，これに労働を追加し，各々の生産要素に収穫逓減を導入したのがソロ

一（R. Solow）の新古典派成長モデルである．

生産関数は，
$$Y=F(K, L) \qquad (2)$$
と表される．

ここで，K は先のモデルと同じく資本ストックであり，L は労働投入量を表す．

資本と労働の投入量は，各々の限界生産性と価格との関係によって決まる．ミクロ経済学の教科書でおなじみのように，完全競争下では，各々の限界生産性が価格に等しいところまで投入される．

r：資本利潤率，w：賃金率とすると，
$$\partial Y/\partial K=r, \quad \partial Y/\partial L=w$$
したがって
$$dK/dL=-\frac{\partial Y/\partial L}{\partial Y/\partial K}=-w/r \qquad (3)$$

すなわち，L と K の限界代替率は r と w の比に等しくなり，均衡点では1人当りの資本ストックは一義的に決まる．

しかし相対価格が変化すれば，生産要素間で代替がおこなわれる．したがって，ハロッド＝ドーマー・モデルでは外生的に与えられた資本係数が，ソロー・モデルでは内生化される．また各生産要素に関しては収穫逓減が想定されているが，生産要素間で代替がおこなわれるので，全体として収穫は規模に比例する．このモデルは完全競争を前提にしているが，すでにふれたルイス・モデルはこうした関係が成立しない世界を想定している．より正確にいうと，新古典派モデルが成立するに至るまでの変化の過程を描いていることになる．

(2)式に一次同次を仮定して[31]，両辺を L で割ると，新古典派の成長モデルの標準形は
$$y=f(k) \qquad (4)$$
と表される．

ここで $y = Y/L$ 1人当り生産額，$k = K/L$ 資本装備率となる．

---

31) 一次同次というのは，各生産要素を λ 倍にすると，生産量も λ 倍になることを意味する．ここで $\lambda=1/L$ とすると $Y/L=F(K/L, 1)$ となり，$y=f(K/L)$ と書きかえることができる．

(3)式で決まる均衡点の k を k^* とすると, $y^* = f(k^*)$ となり, 1人当りの生産額も一義的に決まってしまう. y が変化するのは, 技術進歩が生じる場合に限られるのである.

(2)式は, しばしばコブ=ダグラス型の生産関数を使って
$$Y = AK^\alpha L^\beta \tag{5}$$
と表される.

ここで Y：国内総生産, K：資本ストック, L：労働, A：技術水準を表す変数, α：資本の成長への貢献度, β：同じく労働の貢献度となり, $\alpha + \beta = 1$.

この式を対数に変換して, 微分すると次のような成長会計の公式がえられる.
$$\frac{dY}{Y} = \frac{dA}{A} + \alpha \frac{dK}{K} + \beta \frac{dL}{L}$$

ここで g：経済成長率, a：生産性（全要素生産性）成長率, g_k：資本（ストック）増加率, g_l：労働供給増加率として置き換えると,
$$g = a + \alpha g_k + \beta g_l \tag{6}$$

すなわち, 経済成長率は, 資本ストックと労働各々の増加率（貢献度で調整）と, 生産性（全要素生産性, TFP）の伸びによって決定される. ただし, 全要素生産性の伸びは外生的に与件とされている. その大きさは直接に計測できないので, 間接的に推計されるしかない.

TFP の伸び率を測定するには, 2つの方法がある. 1つは, α を資本分配率, β を労働分配率で近似し, 残差を計算することである. ただしこの場合は, 完全競争が前提されていることに注意しなければならない. 実際に完全競争が成立していることは稀であるが, その点はあまり厳密に考えられていないことが多い. もう1つの方法は, 回帰分析によって a や α, β を同時に推定することである. この場合は, 完全競争を前提条件にしない点でより現実的であるが, その一方で, 推定された係数がどのような理論的裏付けをもつかが問題になる.

2.3 南北格差

クズネッツ曲線をめぐる議論は，一国内における格差を問題にしているが，次に国際的な格差を取り上げることにしよう．国際的な格差のなかで最大の関心を集めるのは，いうまでもなく先進諸国と発展途上国との南北格差であるが，これは縮小する傾向にあるのか，それとも逆に拡大してきたのだろうか．

南北間の格差が歴史的に拡大してきたことは，すでにコラム「南北問題の『発見』」でふれたが，『人間開発報告書』1999年版は，最も豊かな国と最貧国の所得格差は過去2世紀近くにわたって拡大してきたとしている．1820年に3対1であったのに対し，1913年には11対1，1950年35対1，1973年44対1，1992年は72対1にまで一貫して開いたというわけである[32]．その論拠は表1-1と同じデータであるが，同様の推計値を集めた表2-2によると，1人当りGDPの成長率は，たしかに19世紀初めから1973年頃まで先進諸国が発展途上国を一貫して上回っていたが，1973–87年には先進諸国が1.9%に対し，途上国は2.5%であった．19世紀の初めから1970年代初めまで，南北間格差はほぼ一貫して拡大する傾向にあったが，過去30年は

表2-2 成長率の歴史的比較（年平均，%）

分類／期間	1820-70	1870-1913	1900-13	1913-50	1950-73	1973-87
GDP						
先進諸国	2.4	2.5	2.9	2.0	4.9	2.4
発展途上国	0.7*	1.8*	2.6	2.1	5.3	4.7
世界	1.0	2.1	2.8	2.1	5.1	3.4
1人当りGDP						
先進諸国	0.9	1.4	1.6	1.2	3.8	1.9
発展途上国	0.1*	0.8*	1.2	0.7	2.7	2.5
世界	0.6	1.3	1.4	1.0	3.2	2.2

資料：石見（1999），表1-3．
註：*アジア，アフリカ，ラテンアメリカの単純平均．

---

32) UNDP (1999), 訳書, p.50. Maddison (1995), pp.19–31 も参照のこと．

どは，むしろ縮小する兆候をみせていたことになる．このように格差が開いたかどうかは，何を指標にして論じるか，どの時期に着目するかによって，結論が違ってくるので注意しなければならない．

　もう1つの目安として，世界銀行の『世界開発報告』に依拠した表2-3を参照すると，GDP成長率は，高所得国に対して低・中所得国の方が全般に高かった．この事実は格差が縮小する傾向にあったことを示唆している．これはやや意外な結果のようにみえるが，後にふれる「収斂」説や「後発の利益」に通じるような事情があるとすると，それほど不自然なことではないだろう．この点は，以下の「収斂」説であらためて取り上げることにしよう．

　もっとも1人当りGDPの伸び率では，1965年から1980年まで中所得国が先進国をやや上回っていたのに反し，1980年代には低・中所得国の平均（1.7%）が高所得国（2.3%）をやや下回った．とりわけアフリカや重債務国はマイナスを記録したので，1980年代には格差が開いたことになる．ちなみに，石油輸出国がこの時期にマイナス2%以上を記録しているのは，石油危機の反動で世界的に石油過剰に陥ったからであった．1990年代をみると，高所得（1.9%）と低・中所得国（1.7%）の格差はかなり小さくなったので，このかぎりでは事態はやや改善した．貧困線以下の人口が最も多い南アジアが3.8%，すなわち先進諸国の2倍の所得成長率を記録したことは注目される．

　しかし低・中所得国の内容を詳しくみると，東アジアの成長率が相変わらず高いが，周知のように1997年以降，大きな下方屈折を経験した．その後，韓国がV字型の回復を示したように，経済危機は多くの諸国で過去のものとなった．とはいえ，奇跡的な成長が復活するかどうかについては，まだ不確実な要素もある．サハラ以南のアフリカは1980年代から依然として1人当りGDPのマイナス成長が続き，低所得国はほとんどゼロ成長になった．南北格差が拡大するという印象は，主にこの事実に由来する．

表2-3 GDP（全体，1人当り）の成長率（年平均，%）

分類／期間	GDP				1人当りGDP			
	1965-73	1973-80	1980-89	1990-99	1965-73	1973-80	1980-89	1990-99
低・中所得国	6.5	4.7	3.8	3.3	4.0	2.6	1.7	1.7
低所得国	5.3	4.5	6.2	2.4	2.8	2.5	4.2	0.4
中所得国	7.0	4.7	2.9	3.5	4.7	2.4	0.8	2.3
重債務国	6.4	5.2	1.9	n.a.	4.0	2.9	−0.2	n.a.
アフリカ（サラハ以南）	4.8	3.2	2.1	2.4	2.2	0.5	−1.1	−0.2
東アジア	8.1	6.6	7.9	7.4	5.5	4.9	6.3	6.1
南アジア	3.6	4.2	5.1	5.7	1.2	1.8	2.8	3.8
中南米	6.5	5.0	1.6	3.4	3.9	2.6	0.5	1.7
高所得国	4.8	3.1	3.0	2.4	3.8	2.3	2.3	1.9
石油輸出国	8.3	3.7	0.8	n.a.	5.5	0.6	−2.6	n.a.
世界	5.0	3.3	3.1	2.5	2.9	1.5	1.3	1.5

人口増加率（年平均，%）

分類／期間	1965-73	1973-80	1980-89	1990-99
低・中所得国	2.5	2.1	2.1	1.6
低所得国	2.5	2.0	2.0	2.0
中所得国	2.3	2.3	2.1	1.2
重債務国	2.4	2.3	2.1	n.a.
アフリカ（サラハ以南）	2.6	2.7	3.2	2.6
東アジア	2.6	1.7	1.6	1.3
南アジア	2.4	2.4	2.3	1.9
中南米	2.6	2.4	2.1	1.7
高所得国	1.0	0.8	0.7	0.6
石油輸出国	2.8	3.1	3.4	n.a.
世界	2.1	1.8	1.8	1.0

資料：世界銀行『世界開発報告』1991年版，2000／2001年版.
註：「低所得国」は1999年において1人当りGNPが755ドル（89年では580ドル）以下，「中所得国」は756〜9,265ドル（1989年では580〜6,000ドル），「高所得国」は9,266ドル（1989年では6,000ドル）以上の諸国として分類される.

所得水準の国際的・歴史的比較

　南北間の格差を論じるときに，所得水準を正確に捉えることが大前提になるが，それは必ずしも容易ではない．歴史的な比較となると，さらに障害が大きくなる．ここでは基本的な推計方法について簡単にふり返っておこう．

　まず最も簡単な方法は各国の所得（1人当り GDP）を為替相場（名目為替相場）で換算することである．しかし為替相場は日々変動するし，その水準が妥当であるかどうか，言葉をかえていうと，実勢を反映しているのかどうかは疑わしい．そこで各国の物価水準で調整した値，すなわち購買力平価（ppp）表示の為替相場（E_{ppp}）を使うのが一般的である．対ドル平価は次のような式で定義される．

$$P = E_{ppp} \cdot P_{us}$$

したがって

$$E_{ppp} = P/P_{us}$$

ここで P：当該国の価格，P_{us}：アメリカの価格

　ある財について，このような関係がみられると，「一物一価の法則」が成立している．このとき E_{ppp} は，絶対的購買力平価ともいわれる．しかし通常，P は特定の財の価格ではなく，物価指数で表すしかない．物価指数は名目為替相場が「均衡値」にあった年を基準にして求め，t 年の購買力平価は次のように決まる．

$$E^{t}_{ppp} = E^{0}_{ppp} \cdot \frac{p^t}{p^{t}_{us}}$$

したがって

$$E^{t}_{ppp}/E^{0}_{ppp} = p^t/p^{t}_{us}$$

ここで E^{0}_{ppp}：物価基準年のドル表示名目為替相場（購買力平価），E^{t}_{ppp}：t 期の購買力平価，p^{t}_{us}：アメリカの物価指数，p^t：当該国の物価指数．

　このような関係が成り立つと，相対的購買力平価が成立するともいわれる．それは購買力平価の変化はインフレ率格差に等しくなることを意味する．すなわち

$$\ln(E^{t}_{ppp}) - \ln(E^{0}_{ppp}) = \ln p^t - \ln p^{t}_{us}$$

> したがって
>
> $$\hat{E}_{ppp} = \pi - \pi_{us}$$
>
> $\hat{E}_{ppp}$：基準年からの変化率，π：当該国のインフレ率，π_{us}：アメリカのインフレ率
>
> 　所得水準が低い国は一般に物価水準も低い．やや詳しくいうと，貿易が自由化されていると，貿易財の価格は国際水準に近づくが，非貿易財の価格には格差が残る．後者の格差が物価水準の相違に反映されるのである．購買力平価で換算すると，物価の相違が考慮されているので，所得の高い国と低い国の所得格差は名目為替相場で換算したときよりも小さくなる．ただし，先進諸国と発展途上国の物価水準を比較するときに，各々の国の生計費を正確に反映するには，生活の実態に応じて物価指数の基準になる品目を変える方が望ましい．この条件が，各国の消費者物価指数を算出するときにすでに考慮されているならば，さほど問題ではないが，長期にわたる歴史統計になると，生活実態の変化をどこまで組み込めるかに難しい問題が残る．とりわけ発展途上国では，「グローバル化」の影響で生活環境が激変したので，消費者物価指数を計るうえで何が適切な財の組合せ（バスケット）であるかは簡単には答えられない．

　理論的な立場によって概括すると，南北格差は「収斂」していくという説と，南の途上諸国は低開発を宿命付けられている説とに分かれる．こうした立場の違いは，少なくとも一部では，南北格差の歴史的な変遷を反映しているとみることも可能である．

「収斂」説

　低所得国は一般に資本ストックが少なく，労働力は豊かである．したがって高所得国に比べて資本の限界生産性は高く（投資機会が豊富にあり），労賃の水準は低い．そうした背景の下で，先進諸国から資本や技術の移動が円滑に進むと，成長率は高くなるはずである．こうした考え方から，各国の所得水準は当初さまざまに異なっていても，最終的には同一水準へと「収斂」するという説が生まれた．この説は，資本の限界生産性が逓減することを前提にした新古典派成長論から導かれる[33]．この「収斂」説にも通底

するのが「後発の利益」説である．その原型はGershchenkron（1962）であり，19世紀の先進国であったイギリスにたいして，ドイツ，ロシアなどの「後発国」では，先進国よりも短い時間で工業化に成功したこと，そこでは金融機関や政府が工業化ないし経済発展により積極的な役割を演じたというのである．そのほかに，ここでも技術移転が重視されている[34]．

「収斂」説を代表するBaumol（1986）は，先進諸国に属する10数ヵ国のサンプルから，ある時点（1870年）の所得水準とその後100年間の成長率の間に逆相関の関係があるとした．すなわち，出発時点で低い所得水準の国はその後の成長率が高く，逆に高い所得水準であった国は成長率が低いことになる．これが「収斂」説を裏付けているとするのであるが，サンプルの選択によっては，このような傾向は必ずしも検証できない．高い成長率を実現して先進諸国に加わった諸国だけを取り出すと，「収斂」したようにみえても，先進諸国に上昇できなかった国を含めて考えると，はたしてどうであったかという疑問を呼び起こしてしまう[35]．

またBaumol（1986）によると，「収斂」傾向は大不況や世界大戦中は停滞ないし逆転したが，第2次世界大戦後にもっとも顕著であった．こうした時期による違いは，第2次大戦後は戦間期や戦時期と比べて，保護主義や近隣窮乏化政策が後退したので，直接投資や技術移転が促進されたことが関係しているだろう．これに加えて，東西の援助競争がどの程度まで「収斂」化に貢献したかは今後の検討課題として残されている．

Abramovitz（1986）は「収斂」傾向を部分的に肯定した一方で，最新技術を受け入れる社会的能力（social capability）がより重要であるとした．しかし「社会的能力」とは何か，それがいかにして形成されるか，があらためて大きな疑問として残る．低所得国はたしかに潜在的には高成長の可能性を備えてはいるが，その可能性を実現するには種々の条件を満たす必要が

---

33) Ray（1998），pp.74-90．
34) 末廣（2000）第2章をも参照せよ．
35) De Long（1988）．

ある．その条件とは何かを解明することに，開発経済学の課題があるといってもよいだろう．内生的成長論に代表される新しい成長理論は，途上国の成長率が低迷し，先進諸国との格差が実際には縮小しない現実が背景になって，広く注目されるようになった．その意味で元来の問題意識も，理論の枠組みにおいても，新古典派の成長理論と深いつながりあるのは自然である．

近年の傾向に即していうと，「収斂」説の当否は，「グローバル化」の下で実際に経済格差が縮小したのか，拡大したのかという観点から吟味されるべきである．この点は，以下であらためて取り上げることにしよう．

新古典派成長論から内生的成長論へ

内生的成長論あるいは新成長理論は，ソロー・モデルに人的資本の蓄積を付け加えたり，資本蓄積の外部経済効果を付け加えたりして，作られている．それは，先進諸国では人的資本の蓄積が物的資本の生産性低下を補って余りある成長促進効果をもたらした，という解釈に裏付けられている．人的資本のストックを H とすると，

$$Y = AK^{\alpha}H^{\beta} \qquad \alpha+\beta=1 \qquad (7)$$

ここでは，物的資本 K と人的資本 H の2つの生産要素だけに着目し，労働 L は捨象して考えている．

あるいは人的資本 H に代えて，それを労働投入量 L と労働効率 E の積で表すと，

$$Y = AK^{\alpha}(EL)^{\beta} \qquad (8)$$

と定式化できる．

それでは労働効率 E は何によって決まるかというと，個々の企業家が物的投資ないし人的投資をすると，知識や経験が他の企業にまで広がって，生産性を向上させる効果を持つこと，すなわち外部経済性を想定する．E は，これまでの資本蓄積の結果として，K によって決定されることになる．

そこで，$E=aK$ を (8)式に代入すると，結局，

$$Y = Aa^{\beta}K^{\alpha+\beta}L^{\beta} \qquad (9)$$

> となる.
>   (9)式は $Y=AK^\alpha L^\beta \cdot a^\beta K^\beta$ と変形できる．$\alpha+\beta=1$ とすれば，$AK^\alpha L^\beta$ の部分は (5)式のコブ＝ダグラス型生産関数と同じで，規模にたいして収穫は一定である．(9)式はさらに $a^\beta K^\beta$ が追加されているので，この生産関数は収穫逓増の性質をもつことになる．以上のように，新成長理論は新古典派の拡張モデルとみなすことができる．人的資本や外部経済効果を取り込んで，たしかに現実に近くなってはいるが，理論的な点で特に大きな革新を含んでいるものではない.

「搾取」説

　南北間の格差を強調する代表的な例は不等価交換説であり，これは「北」による「南」の搾取を強調する説である．その代表的な説は，UNCTADの初代事務局長になったアルゼンチンの経済学者，プレビッシュ（R. Prebish）や，ケインズの影響を受けて国際機関で活動をしてきたシンガー（K. Singer）が唱えた，いわゆるプレビッシュ＝シンガーの命題である．この説は，一次産品の工業製品に対する交易条件が傾向的に低下することを指摘した．交易条件の悪化は，一次産品と工業製品にたいする需要の所得弾力性が異なること，また先進国企業の独占的価格や，天然繊維，ゴムのように一次産品に合成製品が登場したことによる．また第3章2節でふれるように，食糧農産物の相対価格の低下が，生産性の低い途上国の食糧生産者にはとりわけ不利に働いていた．この結果，途上国は同じ量の輸入を確保するのに，より多くの輸出をおこなわねばならず，所得が先進国に向かって「流出」することになる．そこから開発路線としては，工業製品を先進諸国に依存しない，輸入代替政策が導かれる．

　理論的には比較優位の原理によると，すべての諸国が各々に比較優位を持つ財の生産に特化することで相互に利益が増加するはずである．しかし現実には一次産品の生産国が相対的に不利な立場に置かれてきたのは，比較優位説が独占や「規模の経済」が存在しない完全競争を想定し，所得や技

術の変化を捨象した静態的なモデルを基礎にしたことの限界を表している．

交易条件が傾向的に悪化するかどうかは，歴史統計の解釈による．図2-5Aによると，一次産品の工業製品に対する相対価格（交易条件）は，19世紀末から第2次世界大戦がはじまる頃まで，波動を描きながらも傾向としてはたしかに低下している．交易条件が一時的に好転した1896/1900-1913年，1921/25-1926/29年，1931/35-1936/38年は，いずれも世界の景気が上向きに転じた時期であった．逆にいうと，世界経済が低迷したり，下降に転じたりするときには，一次産品は価格下落の圧力をより強く受けたのである．1930年代の大不況期には，この傾向は「シェーレ（鋏状価格差）」といわれ，当時，一次産品の輸出国を不況に陥れる最大の要因であるとされた[36]．

第2次世界大戦後に資本主義諸国は長期にわたる拡大基調を経験したが，それにもかかわらず，発展途上国の交易条件は緩やかに下降した．しかも産油国を除くとその傾向は1990年代まで続いたのである[37]．UNCTADのデータによった図2-5Bによると，途上国の交易条件は皮肉なことにUNCTADが設立された1960年代半ばに一時的に好転したが，この時期を除き，緩やかに下落基調を辿っている．以上のように，必ずしも連続したデータではないが，過去100年以上にわたりプレビッシュ=シンガーの仮説は妥当するといってよいだろう．

この傾向は，先進諸国と途上国との間に所得格差をもたらすばかりではなく，後でふれる論点との関連では，途上国において自然資源の過剰な採取に導く．一次産品の価格が相対的に低下すると，同じ量の工業製品を輸入するのに，より多くの一次産品の輸出，したがってより多くの自然資源の消費が必要になるからである[38]．しかし発展途上国が一次産品を輸出し，

---

36) Lewis (1949) によると，一次産品の交易条件の低下は1880年代前半から第1次世界大戦後まで連続していた．それは新開諸国などで農業の生産拡大が起ったからである．訳書，pp. 252-254.
37) 石見 (1999), 図4-2.
38) Lewis (1978), p. 244.

図2-5A　世界貿易における一次産品の交易条件（対工業製品，1913年＝100）

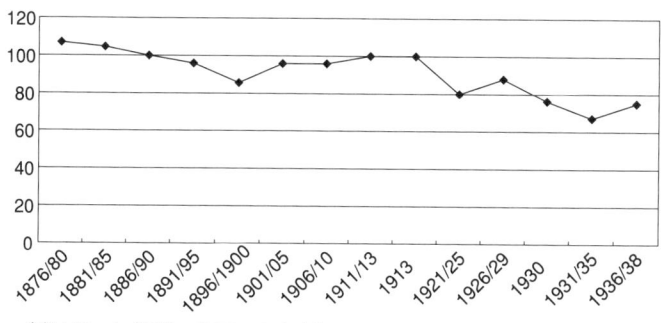

資料：Hilgerdt (1945), 表 VII, VIII による．

図2-5B　先進国と産油国を除く発展途上国の交易条件（1970年＝100）

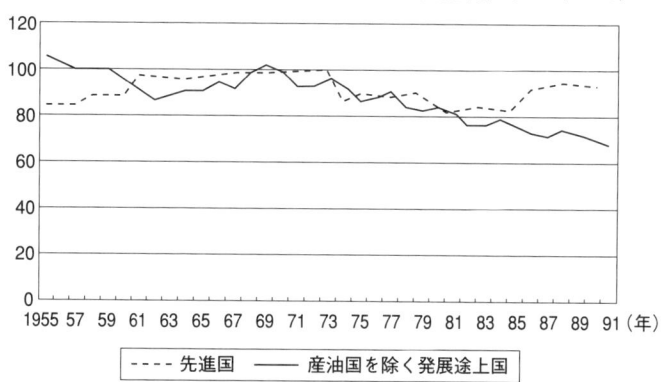

---- 先進国　　── 産油国を除く発展途上国

資料：UNCTAD, *Handbook of International Trade and Development Statistics*, 各年号．

先進諸国から工業製品を輸入するという国際分業関係は，20世紀の終わり頃から崩れてきた．発展途上国の貿易（輸出）構造を参照すると，貧困地域ほど一次産品（なかでも農産物）への依存が多い一方で，東アジアに代表される新興工業諸国（あるいはNIEs）では工業製品の比重が上昇してきた．すなわち発展途上国の中で二極分解が生じてきたのである．

交易条件に着目する説と部分的には重なるが，多国籍企業が途上国の経済発展を阻害しているという説も南北格差を説明するのによく使われる．

多国籍企業による投資収益の国外流出，資源の収奪や不当な価格付けなどへの批判から，「資源主権」を提唱する新国際経済秩序（NIEO）の宣言が生れた[39]．この他に，多国籍企業の活動が受入国の経済構造を輸出志向型に「歪め」るので，国内市場の開発にはつながらず，むしろ「二重構造」を促進するとか，あるいは技術の移転が期待どおりでないといった批判もある．しかし近年では多国籍企業の投資先が鉱業，農業から製造業やサービス業（金融，ホテルなど）に重心を移行したこと，またこうした企業の進出によって，東アジア諸国が工業化に成功したことから，こうした批判は以前に比べて少なくなった．

フランク（A. G. Frank）の「従属理論」やウォーラースティン（I. Wallerstein）の「世界システム論」などは，構造的に途上国（周辺）の「発展」が先進諸国（中心）によって阻害されていることを強調し，「低開発」は先進諸国の「発展」の裏側に生み出された現象であるとみなす．途上国の内部では，地主，軍部，エリート官僚などの支配層が先進諸国の利権構造を支えている．そこから社会主義革命によって世界資本主義の支配から離れること，あるいは世界資本主義システムの大幅な変革以外には発展の道はないという結論につながる[40]．こうした理論ないし思想は1970年代に主として発展途上国において影響力を増していった．しかしこのように宿命論的な見方は，NICs，後にはNIEsと呼ばれた新興工業諸国の台頭によって否定されていった．

一方で貧困から抜け出せない諸国と，他方で「中所得国」の水準まで上昇できた諸国との違いは，たんに国際経済関係のみならず，国内的な要因をも含めて再検討する必要があるだろう．発展途上国，とりわけ熱帯途上国の経済発展が遅れている最大の原因は，不利な交易条件というよりも，農業生産性の低位であるともいわれる[41]が，途上国の農業問題は第3章3節

---

39) Seligson and Passé-Smith eds. (1998), Part 5 の各論文を参照．
40) Sutcliffe (1995).
41) Lewis (1978), pp. 244-245.

であらためてふれることにしよう．その一方で，貿易は技術移転の機会を広げることにもなるので，対外的に閉鎖的な政策はむしろ経済発展を阻害する要因にもなる．

2.4 グローバル化と格差

　以上のような「収斂」説と「搾取」説の対立は，「グローバル化」の評価にも影を落としている．「グローバル化」を対外的な開放という側面で捉えると，一部のアラブ諸国やミャンマー，ラオス，北朝鮮のように閉鎖的な国は概して所得水準が低い．逆にNIEsと呼ばれた諸国をはじめ東アジアでは，対外開放的な政策を推進しながら，高い経済成長率を享受してきた．またインドが1990年代に，宿命的と見られていた停滞から脱する傾向をみせたのは，自由化を進めたことによるとしばしばいわれる．こうした対照的な事実から，世界経済とのつながりを強化することで，低所得国も高所得国との格差を縮小できるといえるだろうか．この疑問に答える手がかりを，いくつかの側面から考えてみることにしよう．

　第1には貿易機会が増えると，経済成長を促進する効果があることは間違いなく，この点が「グローバル化」を肯定する有力な論拠になっている．ただ注意すべきは，貿易による影響が部門によって違うことである．工業製品に関しては，「輸出悲観説」は必ずしも妥当しないが，途上国の一次産品輸出には種々の制約がある．また貿易によって成長する部門と衰退する部門の比重によって，一国の成長率や，国内と国際的な格差も異なってくる．

　第2には資本流入のあり方が問題になる．たしかに，投資機会に対して国内の貯蓄が不足している途上国では，資本流入を可能にする開放政策は成長を促進するといえるだろう．しかし経済成長率の水準を上げるだけではなく，東アジアの通貨・金融危機が示すように，成長率を安定させることも重要になる．その点で「自由化の順序」という議論は重要であり，また安定性という効果の点で直接投資と短期性資金との間に違いがある．

　第3にもう1つの生産要素である労働力の移動に関しては，現代はもう

1つの「グローバル化」時代である第1次世界大戦前の時期に比べて[42]，著しく制約が多い．もし労働力移動が自由化されると，要素価格均等化のメカニズムが働いて，先進諸国では賃金が下がり，逆に途上国では上がる．その結果，国際的な格差は縮小するはずである．しかしこうした動きが現実化しにくいのは，この方面で自由化が進んでいないことに加えて，労働力の「質」が一様ではないからである．

　これに関連してもう1つ考慮すべきは，「頭脳流出」である．発展途上国が人的投資を促すために教育設備を整えても，技術者や医療関係者がより高い所得を求めて国外に流出してしまうことがある．このような「流出」は古くからみられた現象ではあるが，「グローバル化」がさらに促進材料になったことは間違いない．あるいは，対外開放政策によって熟練労働や頭脳労働への需要が大きくなると，そうした質の労働力が稀少な発展途上国では，国内格差をいっそう拡大することになる[43]．格差の増大を抑えるために，高度な技術者の所得に上限を設けると，「頭脳流出」はますます大きくなるというジレンマが生じる．

　『人間開発報告書』は，グローバル化，情報化に対して警戒的な姿勢を示す一方で，グローバル化の基礎にある情報技術の発展が貧困の解決にも役立つことを指摘している．たとえば，同報告の2001年度版は，情報関連産業の投資やインフラ建設に要する額は旧産業の場合よりもかなり小さく，途上国にとっての障壁は相対的に低いこと，そして情報技術は，使いようによっては格差の是正につながるというのである[44]．またJames (2000) は，情報技術の発展が貧困層に利益をもたらす側面を重視している．電話やEメールを利用できる拠点が僻地に設置されると，都市と地方間の情報格差は縮小する．さらに小生産者もインターネットを利用して取引機会を増やすことになると，経済格差も縮小できると述べている．

　とはいえ，情報技術の発展が格差を縮小する可能性を潜在的にもってい

---

42) 第1次世界大戦前の「グローバル化」に関しては，石見(1999)第2章を参照されたい．
43) Ravallion (2001), p.1811.
44) UNDP (2001), 訳書, pp.42-43, 2-3.

たとしても，それを使いこなすには，それ相応の教育水準が必要になる．発展に立ち遅れている途上国がそうした条件に乏しいのは，人的投資を阻害する何らかの要因が働いていると考えるしかない．はたしてその要因は何かを解明するには，国内と国際の両面にわたる検討が必要になるだろう．内生的成長理論は，人的投資の重要性を示唆している点で，問題の核心をついていることは間違いないが，どのような条件があれば人的投資が進むかという点になると，満足な答えを用意してはいない．

再び「グローバル化」の影響について議論を戻すと，現時点での評価は分かれている[45]．Lindert and Williamson（2001）は，少なくとも格差の解消にはつながっていないと結論したが，実は格差が生じるのは，「グローバル化」に適合した政策をとった国とそうでない国との差によるとしている．対外開放政策それ自体は低所得国の成長にプラスに働くはずであるという点では，「グローバル化」を肯定的に評価する説に通じる．しかし，なぜ一部の国がそうした政策をとれないか，あるいは開放政策だけが成長の成否を決定する要因であるかといった検討がさらに必要であろう．Dowrick and De Long（2001）は，開放政策が成長を促進する効果にはしだいに衰えがみられ，過去20年間に多くの国が「収斂」傾向から脱落した，と述べている．

Dollar and Kraay（2002）によると，世界的な格差は1970年代半ばにピークに達し，その後は不変か，もしくは縮小する兆しがみられる．この変化は主として，1980年代からの中国と1990年代からのインドの成長によってもたらされたとしている．1980年に中国とインドは合わせて世界人口の約3分の1，貧困人口の60％を占めていたので，この2国が停滞から抜け出すと，たしかに世界的な所得格差に大きな変化を及ぼすことになる．絶対的貧困が経済成長によって減少することは間違いないが，他方で相対的貧困については，Ravallion（2001）は世界的に格差がむしろ拡大したとみている．ただし，こうした結果は主として中国の影響によるもので，中国を除くと1990年代に世界の所得分布に変化はみられないというのである．

---

45) 以下の点については，澤田（2003）も参照．

一方で世界的に格差が縮小したといい，他方で不変であるという対立した見解があるのは奇妙なことであるが，こうした違いが出るのは，結局，発展途上国の所得水準をどれだけ正確に推定できるかが決め手になる．すでにみたように，中国やインドの所得統計にしてもあいまいさが残っているのである．しかし，この2国がなぜ停滞を脱することができたかは，開発政策の成果を問ううえで，きわめて重要な研究対象である．

　「グローバル化」が潜在的には格差を縮小する可能性を持っていたとしても，他方で発展途上国の自然環境を破壊する傾向があることは否定できない．この点は第5章であらためてふれることにしよう．

2.5　格差の是正

貧困の解消策

　発展途上国における貧困解消は，所得水準の向上によって達成される．それがいかにして可能になるかは，開発経済学の課題そのものであり，本書の範囲では扱いきれない大きな問題である．しかし貧困対策を格差の解消に限定すると，その手段は政府（財政）を通じた所得の再分配が主となり，基本的な点では先進諸国の福祉政策とさほど変わらない．ところが途上国において格差の縮小にさほどの効果がみられないとすれば，先進諸国から類推すると，所得の平等化を要求する中間層が育っていない，政治的自由が保証されていないなど，福祉国家を支える社会的，政治的な条件が満たされていないことに，主な原因がある．

　それ以外に，そもそも途上国では国内に再分配すべき所得が少ないので，先進諸国からの所得移転に頼らざるをえないところに，より大きな限界がある．「貧困の解消」を主題に掲げた世界銀行の『世界開発報告』2000/01年版は，たんに経済的な側面に議論を限定せず，貧困の制度的，政治・社会的要因にも注意を促している．しかしそうした要因にまで対象を広げて援助や政策勧告をおこなうと，途上国側から「内政干渉」という非難を呼

び起しかねない．アジア通貨危機の時にIMFがおこなった政策勧告に批判が集中したこともあり，国際機関の政策提言は，途上国政府との衝突を回避するためか，概して具体性に乏しく，抽象的な内容にとどまっている．

援助の効用

サハラ以南のアフリカ諸国や南アジアの飢餓がマスメディアの報道によって頻繁に伝えられるようになった．実際に飢餓に苦しむ人口はむしろ減少したとみられるが，マスメディアの影響力は絶大である．こうした背景の下で人道主義的な理念から，また緊急の必要性から，対途上国援助が推進されてきたことは疑いない．しかし周知のように，そうした動機だけで援助がおこなわれてきたわけではない．

「南北問題」が東西問題と重なって現れたと述べたように，経済援助は国際政治の情況と密接につながっていた．1960年代に，いわゆる自主独立の路線を歩んだネルー政権期のインド，ナセル政権期のエジプトなどが，東西両陣営から援助を受けやすかったのは，そのためである．インドへの援助は，最近でも総額としては大きいが，1人当りの援助額となると他の途上国よりもかなり少ない．ユーゴスラヴィアの1人当りの援助額はインドの60倍以上にもなる（表2-4）．1人当りの援助額を貧困人口比率と対比させてみても，ODA（政府開発援助）が必ずしも貧困対策として実施されてきたわけではないことが分かる．援助額が1人ひとりの福祉を向上させる観点からではなく，国単位でしかも政治的思惑から決定されてきたことによる．それは，政治的に友好関係を強化したり，自国の経済的権益に結びつけたりするなど，援助する国の「国益」の観点が反映された結果である[46]．

経済援助がおこなわれる理由は「利他主義」や東西対立だけではない．その他に，過去の植民地主義や侵略戦争にたいする道義的な責任が支援の動機にもなっている．あるいは2001年9月の「同時多発テロ」が起ったときに，その背景として世界的な経済格差の拡大があるといわれた．この議

---

46) Balasubramanyam（1984），訳書，pp. 194-196, Todaro and Smith（2002），p. 648以下も参照．

表 2-4 公的経済援助の実績 (2001 年)

国名	援助額(100万ドル) 1996年	援助額(100万ドル) 2001年	同1人当り(ドル)	対GNP比 (%)	対粗投資 (%)	貧困人口比率* (%)	(年次)
パキスタン	884	1,938	14	3.4	20.7	13.4	(1998)
インド	1,897	1,705	2	0.4	1.6	34.7	(1999-2000)
インドネシア	1,123	1,501	7	1.1	6.1	7.2	(2000)
中国	2,646	1,460	1	0.1	0.3	16.1	(2000)
ベトナム	939	1,435	18	4.4	14.2	17.7	(1998)
エジプト	2,199	1,255	19	1.3	8.2	3.1	(2000)
ユーゴスラビア	70	1,306	123	12.1	89.2	n.a.	
タンザニア	877	1,233	36	13.3	77.7	19.9	(1993)
ロシア	1,282	1,110	8	0.4	1.6	6.1	(2000)
エチオピア	818	1,080	16	17.5	96.0	81.9	(1999-2000)
バングラデシュ	1,236	1,024	8	2.2	9.5	36.0	(2000)
ポーランド	1,167	966	25	0.6	2.5	2以上	(1998)
低所得国	25,309	25,342	10	2.4	11.0		
中所得国	21,799	20,284	8	0.4	1.6		
低・中所得国	59,015	57,217	11	0.9	3.8		

資料：World Bank, *World Development Indicators 2003*.
註：*1日1ドル以下で生活する人口の比率.

論が成り立つとすると，経済援助はテロの発生を防ぐことにつながり，先進諸国の人びとの利益にもなる．その意味では，経済援助をたんなる「利他主義」の産物と断定するわけにはいかない．

これまで経済援助がどのていど実績をあげてきたかというと，その客観的評価は容易ではない．援助があったときとなかったときとを比べて，どれくらい成長実績が違うかを実験するわけにはいかない．個々のケースを積み上げて判定するにしても，各々に前提条件が違うことを考慮に入れると，これも決着がつかない．ただし，これまで経済援助に対しては左派からも，市場原理主義者からも，批判がよせられてきたことを無視するわけにはいかない．援助はしばしば特定の投資案件に結びつけられ，受取国の必要性よりも，援助供与国の都合によって決められてきたという面がある．その結果，受取国における資源の最適配分を歪めることになりかねない．あるいは安易に外国資金への依存を助長し，受取国の貯蓄率を抑え，消費を奨励することになるなどが批判の理由である．いうまでもなく「自助努

力」を阻害しないことが，援助する際の基本的な条件になる．その他，「援助される国」の事情として，支配層の利権や権力維持につながりやすいことが指摘されている．

1960年代半ばに設立された UNCTAD の理念が「援助よりも貿易を」であったのは，こうした経済援助の負の側面に警戒感が強まっていたからである．しかしその後30年余にわたり，途上国の大半は貿易（輸出）が伸びず，援助への依存をむしろ大きくしてきたというのが現実である．2002年8月の「環境・開発サミット」でも，途上国は，1992年のリオ・サミットで合意された援助目標（先進諸国 GNP の 0.7%）が実現されていないことを指摘し，あらためてこの目標達成を強く要求した．同時に，国際貿易のルールに関しても，先進諸国の保護主義をまず廃止すべきとの要求が提出されている．具体的には，農業保護政策，多国間繊維協定（MFA）などの廃止である．「貧困」問題は，通商政策とも密接に関連することはたしかであり，先進諸国の農業保護に関しては第3章2節で，環境問題への影響に関しては第4章であらためて取り上げることにしよう．

日本の経済援助

日本の政府開発援助には次のような特徴がある．

第1に，規模の大きいことが目立つ．対外経済摩擦やバブル経済を背景にして1980-1990年代に急増した．1990年代前半にはアメリカを抜いて，世界最大の援助供与国となり，2000年までこの地位を保っていた．

第2に援助の内訳では，贈与（無償資金協力，技術協力など）と貸付の割合がほぼ半々で，他の先進諸国に比べて贈与の比率が小さい．また2国間援助が約7割と多く，国際機関を通じた割合が残る3割と小さい．2国間援助の比重が大きいことは「ヒモ付き」，すなわち日本企業の事業参加や輸出に結びついているとの批判がある．しかし，通常の批判とは逆に，日本の2国間援助で「アンタイド率」（ヒモ付きではない比率）は1990年代末ま

で主要援助国の中で最高であった．その後，ドイツやイギリスよりも低くなったのである．また借款が多いことも他国から非難されるが，これは，借入国の「自助努力」を重視するという原則による．

第3に，被援助国の要請に基づくという原則がある．それは，供与国の一方的な押し付けを排除することが理由とされるが，実態は必ずしも理念どおりにはいかない．逆にこの理念に忠実だと，受入国の開発政策に注文をつけることが弱くなりがちである．また受入国の自助努力を促すという原則があることはすでに述べた．

日本では戦後の賠償金支払いと経済援助とが結びついてきたという歴史的経緯があり，そのなかでもインドネシアの例が有名である．日中間で国交を回復したときに，中国側がなぜ賠償金請求を放棄したかという理由は必ずしも明らかではないが，日本側にはODA（主として円借款）が賠償金の肩代わりになるという意識があったことは否めないだろう．

対中援助については，見直す時期に入ったという議論が強くなっている．中国の経済発展が日本の「産業空洞化」を招いているとか，中国自体が他の途上国に援助を供与しているので，援助を受ける段階を「卒業」したとかいわれる．また日本にとって軍事的，政治的脅威であることなどが指摘されている．しかし中国の核実験は，ODA大綱（1992年制定）の軍事支出や大量破壊兵器に留意するという方針と矛盾することが明らかであり，日本政府はこれを契機にして1995年，1996年に無償資金協力を凍結した[47]．

近年のODAにたいする厳しい世論を受けて，2003年8月に改訂された新ODA大綱では，「人間の安全保障」や「平和の構築」を理念として取り込んでいることを付言しておこう．

債務の重圧

発展途上国への資金流入は，政府開発援助のみならず民間の資本移動もあり，1990年代に後者の方がはるかに規模は大きくなった．民間資本が流入するのは，いうまでもなく投資国として魅力のあること，要するに成長

---

47) 日本のODAに関しては，白鳥（1998），西垣・下村・辻（2003）などを参照．

の可能性が高く，収益性のある国に限られる．1992-98年に途上国に流入した民間資金の4割強が，ラテンアメリカや東アジアの新興市場7ヵ国（ブラジル，メキシコ，韓国，アルゼンチン，中国，タイ，インドネシア）に集中していた．そうした条件に乏しい，成長に取り残された国ではODAへの依存が大きくならざるをえない．同じ期間のODAに対して民間資金の流入額の比率は，最貧国で1割以下，サハラ以南のアフリカ諸国では2.5%であった[48]．しかしODAのなかでも，利子率が十分に低くないとか，返済期間が短いなど条件が厳しく，いわゆるグラントエレメント（贈与比率）の低い借款になると，民間資金との差は小さくなる．

重債務国は，利払いのために木材（森林）のような国内資源を乱開発する傾向がある．そこで債務と自然保護のスワップ（Debt-for-Nature Swaps）のような提案が出てくる．具体的には，第1段階として，NGOが途上国の債務を流通市場でかなりの割引価格で買い入れる．第2段階として，NGOは借入国が熱帯雨林の保護を約束する代わりに，この債務を帳消しにする．あるいは，借入国に自然環境保全を目的にした基金を設立させることもある．後者の場合，借入国政府は自国通貨による払込みで済むので，外貨が節約できるという利点がある[49]．こうした流れのなかで，トービン税と債務軽減を組み合わせる提案がフランスのNGO（Attac）から提起され，注目を集めた．それ以外にも経済援助と環境対策とを結合させる案件が多くなっている．それには環境汚染に対する先進諸国の歴史的な責任に応えるという要請もあるが，自国の環境対策を先送りするという動機が働いているという批判もある．

---

48) 西垣・下村・辻（2003），pp.117-119．
49) Tietenberg（2000），pp.271-272．Pearce and Warford（1993），pp.350-355．環境破壊の具体的な事例は，George（1988），第10章に数多く紹介されている．またKahn and McDonald（1995）は，債務残高と熱帯林の減少との関係を実証的に検討している．

第3章
「成長の限界」

焼き払われ荒廃した熱帯雨林（マレーシア・サバ州）．
（毎日新聞社提供）

この章に「成長の限界」という標題をつけたのは，いうまでもなくローマクラブの報告書を意識してのことである．経済成長を続けると，エネルギーなどの天然資源が大量に消費され，やがては賦存量が限界に達し，経済成長の制約要因になるというのがその警告であった．これは，第2次世界大戦後に高度成長をとげた資本主義諸国に共通した問題であったが，同報告はまた食糧問題についても言及している．1人当り必要な食糧を生産するのに0.4ヘクタールの土地が必要であると仮定し，当時のテンポで人口増加が続くと仮定すると，西暦2000年以前に「絶望的な土地不足」が現れると警鐘を鳴らしたのである[1]．幸い，この予測は当たらなかったが，地球の人口増加が続くと，やがては食糧不足が深刻化するという懸念は現在においても広く共有されている．こうした問題をどのように考えればよいだろうか．この点からまず検討することにしよう．

3.1　人　口

　人類の歴史を溯ってみると，人口が持続して増加するようになったのは，イギリスで産業革命が起こった18世紀からであった（図3-1）．所得の増大が出生率を増加させたことは間違いないが，それ以上に死亡率低下の影響が大きかった．産業革命の影響が及ぶのは，せいぜい西ヨーロッパに限られるが，そうした影響とは無縁であったはずの中国南部やロシアでも18世紀から人口が増加した[2]．しかし地域を超えた共通の原因があったかどうかは不明である．人口変動（とりわけ出生率の変化）は，所得だけではなくさまざまな社会的，文化的な要因によって影響を受けることに由るのかもしれない．ちなみに大気中のCO_2の量も同じ頃から増加した（後掲図7-1）．

---

1) Meadows $et\ al.$ (1972), 訳書, p.39.
2) Cohen (1995), 訳書, pp.61-62. 以下，世界人口の歴史的傾向については同書による．ただし日本では，江戸初期から享保期に至る約100年間に，人口は2倍前後になったが，その後18世紀の初頭から19世紀の半ばまでの約150年間には人口が停滞していた．速水(2001), pp.61, 69-70. 人口増加の時期がイギリスや中国，ロシアとは1世紀ほどずれていたのである．

図 3-1 世界人口の推移

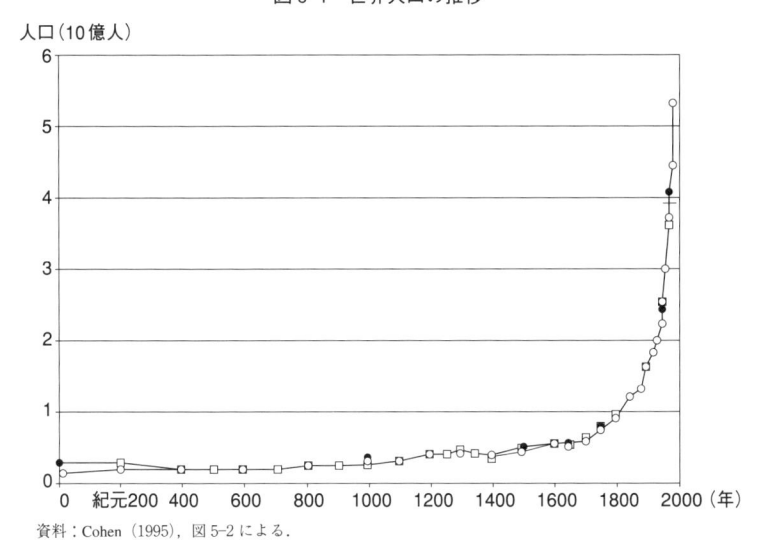

人口（10億人）

資料：Cohen（1995），図 5-2 による．

近代化を推進したのは工業化であり，工業化はエネルギーの多消費によって支えられた[3]．人口にしろ CO_2 にしろ，現在の人類は，ほぼ 200 年続いた傾向の帰結に直面しているのである．

地球上の人口増加に関して最も注目すべきは，第 2 次世界大戦後，1950 年頃からさらに加速されたことである．1860 年から 1950 年の 90 年間に世界人口は 2.1 倍になったが，1950 年から 1987 年の 40 年弱の間でさらに 2 倍になった．第 2 次世界大戦後における増加の大半は発展途上地域で生じたが，その主因は乳児死亡率の低下であった．たしかに出生率も増加したことは間違いないが，乳児死亡率の低下は，途上国において衛生設備や予防接種などが普及したことが大きい．保健・医療設備の拡充は広い意味で一国の所得水準に依存するが，それが先進諸国からの経済援助による場合

[3) 全世界の 1 人当り石炭エネルギーの消費は 1800 年から 1860 年の間に 6.8 倍，1860 年から 1900 年の間にさらに 4 倍になった．1 人当り無機エネルギーの消費で計ると，1860 年から 1900 年の間は 4.1 倍とさして変わらないが，1900 年から 1980 年の間にさらに 4.2 倍になった．Cohen（1995），表 6-1 を参照．

は，所得水準にかかわらず外的に移転されることになる．

　2000年現在の世界人口は，約61億人であり，この内で途上国は49億人，先進諸国および旧社会主義諸国は12億人である．世界人口の年間増加率は1.2％で，人数にすると7,700万人の増加に相当する．この増加の内で約半分は，インド（21％のシェア），中国（12％），パキスタン（5％），ナイジェリア（4％），バングラデシュ（4％），インドネシア（3％）の6ヵ国によって占められる．ところで，2050年における世界人口は，1992年には100億2,000万，1998年には89億1,000万と予測されていたが，2000年の同じ予測値は93億人となった．1992年に比べると約7％の下方修正であるが，1998年に比べると約4％の上方修正である[4]．このように人口増加率は，さまざまな条件の置き方によって予測が変化することを忘れてはならない．

　世界人口の増加率は1970年頃の年間2.5％をピークにして，その後は低下傾向に入ったといわれる．それは先進諸国ばかりではなく，中国（世界最大の人口国），インド（2000年の時点で同第2位），インドネシア（第4位），ブラジル（第5位）などで増加率が減速したからであった（表3-1）．パキスタン，バングラデシュ，ナイジェリアなどは，やや遅れて2000–2015年になって増加率の減少が予測されている．このように世界人口の増加率はテンポが落ちてきたが，増加それ自体はしばらく続くと予想される．人口増加率が高い国では人口構成が若年層に偏っているので，自然に出生率も高くなるからである．このように人口増加に「慣性」が働くので，増加そのものは短期間には止まらない．

　現在の予測は，2150年までしかおこなわれていないが，そのときの世界人口の予測値は280億人から84億人までの幅がある[5]．それだけ人口の将来予測には，不確実な要素が多いのである．どの程度まで人口が増えたときに，地球資源が世界人口を支えきれなくなるかという点が重大な関心事であるが，一国的にみても，人口増加が資源の制約から経済発展を抑制するという説がかなり有力であった．中国が人口抑制策をとったのも同じ理

---

4) UN (2001).
5) Cohen (1995), 訳書, p.28, pp.73–74, 178.

表 3-1 世界人口の推移，地域別（単位：100万人）および人口大国と人口増加率

地域/年次	1950	2000	2050(中間値)
世界	2,519	6,057	9,322
先進諸国・旧社会主義国	814	1,191	1,181
発展途上国	1,706	4,865	8,141
最貧国	197	658	1,830
その他	1,508	4,207	6,312
アフリカ	221	794	2,000
アジア	1,399	3,672	5,428
ラテンアメリカ	167	519	806
ヨーロッパ	548	727	603
北米	172	314	438
オセアニア	13	31	47

地域/年次	人口（100万人）				年間増加率（％）		
	1950	1975	2000	2015	1950-75	1975-2000	2000-15
中国	547	928	1,275	1,410	2.1	1.3	0.7
インド	359	621	1,009	1,231	2.1	1.9	1.3
米国	152	220	283	321	1.5	1.0	0.8
インドネシア	79	135	212	250	2.1	1.8	1.1
ブラジル	53	108	170	201	2.8	1.8	1.1
ロシア	180*	134	145	133	n.a.	0.3	−0.6
パキスタン	38	70	141	204	2.5	2.8	2.5
バングラデシュ	46	76	137	183	2.0	2.4	1.9
日本	84	112	127	127	1.2	0.5	0
ナイジェリア	32	55	114	165	2.2	2.9	2.5

資料：Maddison (2001); UN, *World Population Prospects, The 2000 Revision*, 2001; UNDP, *Human Development Report 2002*.
註：*旧ソ連.

由によるが，人口増加と経済成長との間にどのような関係があるかについては，まだ明確な答えは出ていない．

「人口転換」説とミクロ経済学の応用

一般に，人口動態は所得水準によって次のような3つないし4つの局面が継起するというのが，「人口転換」(demographic transition) 説である．最初は1) 多産・多死の状態であり，このときには人口の低位安定が保たれる．これが人類が産業革命の始まるまで経験していた状態である．次に，所得

水準が上がるにつれて，医療や衛生設備が整うと，2) 多産・少死が訪れ，この局面で「人口爆発」がみられる．ここで出生率が減速しないのは，そこに一種の「慣性」効果が働くからである．しかしより一層，所得水準が上昇し「慣性」効果が減退すると，3) 少産・少死の局面に達する．そこでは，人口は高位の定常状態に入るか，もしくは減少に転じるのである[6]．このように所得水準が上昇するにつれて，人口増加率は加速されるが，所得がある水準を超えると，逓減するといってよいだろう．

「慣性」が現れるのは，所得水準の向上で乳児死亡率が低下しても，それが認識されるまでに時間がかかること，そして上にふれた人口の年齢構成が関係している．近年では，こうしたマクロ的な要因よりもミクロ経済学を応用した出生の家計モデルが影響力をもっている．

子供を持つ動機が老後の保障や所得補充のためであるとするのが，「資本財」あるいは「資産」としての子供という考え方である．老後の不安（社会保障の不備）から，子供による所得補償を期待して，出生率が高くなる．その他に，社会が成熟するにつれて，教育など人的投資によって子供の「質」を高めるほうが，たんに「数」を増やすよりも所得の向上につながる，換言すれば，子供の数がもたらす限界収入の低下が出生率の低下をもたらす．また育児労働にたいする機会費用の増加を強調することもある．日本の出生率低下に関して，女性の社会進出に応じた制度の未整備，過大な教育費用などが理由としてあげられているが，これも育児費用（機会費用）と出生率との密接なつながりを示唆している．

とはいえ，たとえ子供への投資が経済的に利益が少ないとしても，育児が生きがいになるなど経済以外の理由から「錯誤投資」がおこなわれることもあり，こうした側面にも注意する必要はある[7]．同時に教育や就業機会に「性差」のあるかどうかが出生率にも影響する．近年，人口問題で共通

---

6) 人口動態へのミクロ理論の応用について，詳しくは Ray (1998), ch.9 を参照．また「人口転換」説に関しては，速水 (2000), p.67 以下, Todaro and Smith (2003), p.272 以下．

7) Balasubramanyam (1984)，訳書，p.22 以下．

の認識になりつつあるのが,「性差」の解消である.

　それでは発展途上国において人口増加率が逓減してきたのはなぜだろうか. 以上の議論から, 次式が示すように, 出生率, もしくは人口増加率を左辺におき, 右辺に所得, 教育水準, 男女間の格差, 社会保障などを示す指標を置いて, 最小自乗法（OLSQ）による回帰分析を試みた. ただし各国の時系列データを入手するのは困難なので, クロスセクション分析に頼るしかなかった.

$$P = C + \alpha Y + \beta G + \gamma D + \delta E + \varepsilon H + u$$

　ここで P：人口増加率もしくは出生率, C：定数項, Y：1人当り所得, G：ジニ係数, D：男女差, E：教育水準, H：医療保健支出, u：誤差項.
　表3-2をみると, まず教育水準はほぼ予想通りの結果が出ている. すなわち教育水準は, 上がれば上がるほど, 出生率も人口増加率も下がることが示されている. 次に所得との関係では, とりわけ途上国において, 所得水準が上がるにつれて出生率も, 人口増加率も低下する傾向が現れている. ここから推測すると, 発展途上国において人口増加率が逓減してきたのは, 所得水準が上昇してきたことによると考えられるだろう. すでに第2章でみたように実際, 途上諸国においても所得水準が上昇してきたのである. とはいえ, 先進国だけを取り出すと, 逆の傾向が現れていることも無視できない. これは, 所得がある一定の水準を超えて上昇すると, むしろ人口増加率も出生率も加速することを示唆している. これは日本の最近の事態とはそぐわないが, 北米やオセアニア諸国で流入移民の出生率が高いことを反映しているのかもしれない.
　「人口転換」説によると, ある一定の所得水準までは, 所得が上昇するにつれて人口も増加するが, 所得がある水準を超えると, 逆に人口は逓減することになる. この点を検証するために, 上記の式に所得の2次変数を追加して最小自乗法を適用した. 所得に対して人口増加率が逆U字型の曲線

表 3-2 出生率，人口増加率に影響する諸要因

従属変数	出生率			人口増加率		
独立変数	途上国	先進国	全世界	途上国	先進国	全世界
定数	14.83	1.85	12.27	4.51	3.66	3.65
	(12.44)***	(0.46)	(11.90)***	(4.41)***	(0.68)	(4.53)***
所得水準	−1.33	0.57	−0.80	−0.39	0.84	−0.23
	(−6.89)***	(2.39)**	(−5.05)***	(−2.24)**	(2.48)**	(−1.89)*
ジニ係数	0.04	0.02	0.03	0.03	0.03	0.03
	(3.37)***	(1.69)	(2.26)**	(3.11)***	(1.82)*	(3.56)***
男女差	−0.50 E-02	−0.70 E-02	−0.85 E-02	0.70 E-02	−0.01	0.61 E-02
	(−0.66)	(−0.46)	(−1.11)	(1.03)	(−0.62)	(1.02)
教育水準	−0.02	−0.06	−0.04	−0.01	−0.11	−0.02
	(−3.05)***	(−1.56)	(−4.64)***	(−2.15)**	(−2.12)**	(−3.13)***
医療保健支出			0.12	−0.12	−0.07	−0.09
			(1.52)	(−1.54)	(−0.80)	(−1.48)
サンプル数	53	25	78	54	25	79
R^2	0.84	0.21	0.84	0.54	0.29	0.70

資料：UNDP, *Human Development Report*, http://www.undp.org/udr 2002/eu/indicator/
註：カッコ内は t 値，途上国は 1 人当り GDP が 10,000 ドル以下，先進国は同 10,000 ドル以上．*** 1 % 水準で有意，** 5 % 水準で有意，*10% 水準で有意．
　所得水準は 1990 年と 2000 年の 1 人当り GDP の平均値，対数表示．人口増加率は 1975-2000 年，出生率 1995-2000 年．教育水準は成人（15 歳以上）識字率，2000 年，％表示．男女差は初等教育就学率の差，1998 年，％表示．ジニ係数は 1992〜98 年のデータによるが，国によって年次は異なる．医療保健支出は対 GDP 比，1998 年．

を示すと，所得の2次に対する係数はマイナス，1次の係数はプラスになるはずである[8]．しかし，全世界の出生率を除いて，所得の2次の係数に有意性はみられず，全世界の出生率にしても，符号はプラスになっているので，想定とは逆になっている（以上の分析結果は割愛した）．したがって，所得と人口増加との間には，とりわけ発展途上国においてマイナスの相関関係があるという，上記の結論に変わりはないのである．

他方で興味深いのは，ジニ係数が大きくなるほど，すなわち経済格差が大きくなるほど，人口増加率も，出生率も上昇することである．これが何を意味しているか，解釈は難しいが，たんに所得水準の低い途上国において，経済格差が大きいことを反映しているのかもしれない．もう1つ注目

---

8) これは，第4章でふれる環境クズネッツ曲線を検証するのに，よく使われる手法である．

されるのは，男女差に有意性が低いことである．ここでは初等教育就学率の差を男女差の指標にしているが，それ以外の指標をとっても結果は変わらない．また医療保健支出にも有為性はみとめられない．ここには多重共線性の影響があるのかもしれない．

ミクロ的な家計モデル説は，主として所得水準に着目するのに対し，実際にはそれ以外の要因がさまざまに影響する．同じような所得水準でも出生率が違うのは，「大家族」か「核家族」か，父系制か母系制かとか，あるいは長子相続か均等相続かといった違いが関係してくる．ミクロ経済学の応用では，個々の家計（あるいは夫婦）が出生率を決めることを前提にしているが，社会の習慣や制度によって出生率が大きな影響を受けるという側面も否定できないのである[9]．

人口政策

人口政策は一般に出生率を制限することを意味するが，人権重視の観点から批判が強い．1979年から開始された中国の1人子政策は，人口増加を抑えるという点に限定すると数少ない成功例である．合計特殊出生率（女性が生涯に出生する子供の平均数）は1966年が6.18，1980年は2.4であったが，1995年は1.99，1997年は1.39にまで下がった．この政策は都市では職場単位，農村では村落単位で実施されてきたが，この方式は農村―都市間，都市内では職場間の人口移動が禁止されていることが前提になる．とりわけ農村では男児が選好されるので，女児の「間引き」がかなり広くおこなわれているとみられる．また人口構成に歪みが生じ，今後，急速に高齢化が訪れるといった社会問題を生みだしている[10]．

この政策は，すでに農村部や少数民族には緩和措置がみとめられ，近年

---

9) Dasguputa (1995 b), (1998).
10) 1人子政策が法令として制定されたのは，1979年の上海市が最初であり，翌1980年に中国共産党中央委員会と国務院が全国的に1人子政策を提唱した．若林 (1994)，中兼 (1999), pp. 79-80，小島 (2000), pp. 142-146.

では政策そのものを見直す動きがあることも伝えられている．経済的な自由化，開放政策が進んでいるなかで，子供の数を制限することには，ますます抵抗感が強まるだろう．もっとも，出生率の低下が人口政策だけに原因があるとはいいきれない．合計出生率が1966年から1980年にかけて急落したように，人口政策が実施されていない時期でも，社会経済的な要因によって大きく変化するからである．今後は，所得水準の向上や社会構造の変化によって，出生率を下げる要因がなおいっそう増えてくると予想される．

　もう1つの人口大国であるインドでは，1976-1977年にインディラ・ガンジー首相が不妊手術をともなう「サンジャイ計画」を実施しようとした．しかし出生数を強制的に制限することは，宗教（ヒンズー教）や文化的伝統と対立する面があり，不妊手術にはとりわけ拒否反応が強く，結局この計画は失敗に終わった．それ以降，人口は放任政策をとっているので，インドは21世紀の前半に中国を抜いて世界第1の人口大国になるといわれている．

　インドの失敗例が示すように，人口増加を抑えるには強権的に出生を制限するよりも，教育や保健衛生設備の改善，所得水準の向上といった間接的方策が有効といわれている．とりわけ「性差」の解消では，女性の教育や社会的地位の向上が重視される．初等教育への女子就学率の向上は，ラテンアメリカやアジアでは出生率を低下させたが，その一方で，サハラ以南のアフリカではむしろ出生率が上昇したといわれる．これも習慣や制度によって出生率を規定する要因が異なってくる例である[11]．また，間接的に社会環境を整える政策は，成果をあげるまでにかなりの時間を要することにも注意すべきである．

「貧困の罠」と「リカードの罠」

　人口増加が経済発展を制約するという関係を理論化したのが，「貧困の罠」（あるいは「低水準均衡の罠」）と「リカードの罠」という概念である．両者はたがいに似通っているが，微妙に違う[12]．前者の「貧困の罠」は，ある

---

11) Dasguputa (1995b), p.1887.
12) これらの説は Ray (1998), pp.60-63, 速水 (2000), p.80 以下を参照．

所得水準（Y_a）を超えると人口成長率が加速し，経済成長率を上回るようになる．そうすると，1人当り所得は伸びなくなり，むしろ一定水準（Y_a）に引き戻されることを意味する（図3-2）．この図で成長率（a）は収穫逓減の場合，成長率（b）はある局面まで収穫逓増が働き，その後に逓減する場合をそれぞれ表している．しかし，さらに上方のもう1つの所得水準（Y_b）を超えると，人口増加は減速し，他方で成長率が相対的に高くなるので1人当り所得が伸びつづける．この上方の限界を突破するには，一挙に成長率を押し上げること，具体的には工業化，それも急激に成長を促進するような工業化計画が必要になる．もっともこの議論は，経済発展の初期において，人口増加率が経済の成長率を上回ることを前提にしているが，必ずそうなるとは限らない．

後者の「リカードの罠」は，人口が増加すると土地資源の制約から食糧価格が上昇し，ひいては賃金の上昇が起こる．その結果，近代部門の利潤が圧縮され，資本蓄積が停滞するという議論である．前者の「貧困の罠」のように，無前提に経済成長率が人口増加率を下回ると仮定するのではなく，人口増加が資本蓄積を媒介にして成長を制約するという因果関係に着

図3-2 「貧困の罠」

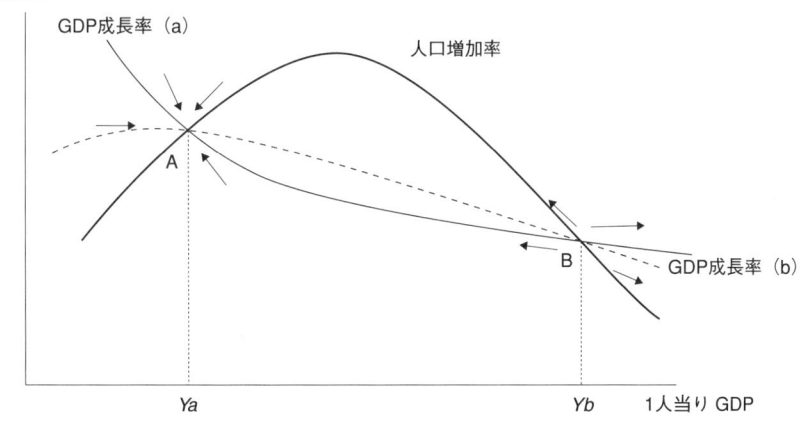

目している．その点で，内生的な停滞説といってよいだろう[13]．土地供給の限界や食糧価格に着目したのは，リカードが穀物法の廃止を主張する自由貿易論者であったことに密接に関係している．この「罠」を突破するには，食糧価格の高騰を防ぐことが重要になる．もう1つ重要な点は，2つの説がともに人口増加率を外生的に与件としていることである．しかし人口増加率も所得水準に関係するので，経済成長率によって影響を受けることは否定し難い．

産業革命期のイギリス

リカードの「罠」はいかにして克服されたか，その経験をふり返ることは，発展途上国の現状を考えるうえで参考になる．19世紀初頭のイギリスは，自由貿易政策を採用し，食糧輸入に転換することで，安い穀物を手に入れることができた．リカードの議論に即していうと，イギリスが食糧を比較的安い価格で輸入できたからこそ，資本蓄積が進み，経済成長が実現したことになる．その裏側では，工業製品（主として綿製品）の輸出によって，必要な食糧を輸入できたことが重要である[14]．

イギリスの産業革命期から19世紀の初頭にかけて人口が急増し，マルサスの悲観的な予言を生んだが，経済成長率が加速されたからこそ，イギリスは「罠」に陥らずに済んだのである．人口の増加率は1760–80年や1801–31年の期間に農業の成長率を超えていた（表3-3）．これはマルサスの想定した事態と符合するが，1人当りの国民所得は伸び続けた．とりわけ18世紀の終わり頃から増加が加速された．国民所得の成長率が農業を上回っているのは，工業（および第3次産業）の成長率がより高かったことを示唆している．工業化は「貧困の罠」から脱け出すうえで有効な手段であった．

---

13) リカードの説は，主著である『経済学と課税の原理』の第6章「利潤論」で展開されている．
14) この時期のイギリス貿易の構成に関しては，石見（1999），pp. 28-31．

> Crafts (1985) は,産業革命期のイギリスでは,経済成長が「革命」というほどには顕著ではなかったことを指摘した.が他方では,綿工業の生産性上昇が著しく,全体としての経済成長率を押し上げる効果が大きかったことはみとめている.イギリスの経験は,マルサス,リカードのように人口増加を発展の制約とみる考え方が必ずしも妥当しなかったことを示している.工業化,より正確にいうと,当時の主導産業であった綿工業の技術革新が成長を促進するという関係がみられたのである.

表3-3　産業革命期イギリスの成長率　　　　（単位：％）

期間	農業	国民所得	(人口)	1人当り国民所得
1700-60年	0.60	0.69	(0.38)	0.31
1760-80年	0.13	0.70	(0.69)	0.01
1780-1801年	0.75	1.32	(0.35)	0.35
1801-31年	1.18	1.97	(1.45)	0.52

資料：Crafts (1985), Table 2.10, 2.11.

　産業革命期のイギリスは,人口増加率を上回る経済成長が実現したことで「貧困の罠」を免れることができた.このような歴史上有名な解決策が,現在の発展途上国にも当てはまるだろうか.たしかに東アジアのように工業化に成功した諸国では,人口や食糧供給は大きな問題になっていない.深刻なのは世界で最も所得水準の低い諸国であり,ここではいかにして経済発展を定着させるかという大問題が残されている.

　とはいえ,人口増加が成長の制約要因であるとは限らない.むしろ労働の投入が増えれば,産出も増えることに着目して,成長を促進する可能性すらあるだろう.あるいは,経済成長の主因が技術革新にあるとし,人口が増えると技術革新を生み出す能力を備えた人の数も増えるので,人口増加は経済成長の源泉になるという説もある[15].前者の考え方については,供給が需要を創り出すという「セーの法則」を前提にすれば,たしかに労働

---

15) Ray (1998), p.335以下,速水 (2000), p.181.

を多く投入して，多くのものを作ればつくるほど，経済は成長する．しかし現実に需要が伸びないのはなぜか，生産物が売れないのはなぜか，という問題が残る．それは簡単にいうと，国内の需要を生み出す所得が不足していることや，内需に適合したり，輸出競争力のある製品を作り出せないところに原因がある．後者の説に関しては，技術進歩はたんに人口によって規定されるのではなく，研究開発への支出を増やしたり，人びとに教育の機会を与え，人的資本へ投資したりすることが重要になる．したがって，人口増加は経済成長の1つの必要条件にすぎないということになる．

　ADB（1997）によると，アジアの人口増加率や出生率は欧米と他の途上地域の中間的な位置にあり，それは所得水準にも対応しているが，人口動態に所得の影響はむしろ小さいとしている．死亡率低下は保健・医療技術の移入，出生率の低下は家族計画の導入がそれぞれ主な理由であった．人口増加と成長率との関係も中立的であり，人口それ自体よりも，むしろ年齢構成や女性の労働参加率の方が経済成長には大きな意味をもつ．

3.2　食　糧

食糧は不足しているか

　人口の増加がやがて食糧供給の限界に直面するという懸念は，マルサスの『人口の原理』によって有名になった．しかしこの予測が実際に当てはまるかどうかについては，議論の余地がある．今後の見通しに関しては楽観説と悲観説に二分され，たとえば世界の食糧問題を専門とする国連食糧農業機関（FAO）が楽観説であるのに対し，悲観説を代表するのがL.ブラウンが主宰していたWorldwatch Institute（『地球白書』）である[16]．

　結論的にいうと，世界的にみると，必ずしも食糧生産が人口に対して過少であるとはいえない．図3-3によると，1960年以来，1人当りの食糧生

16）Lomborg（2001）の議論を参照．

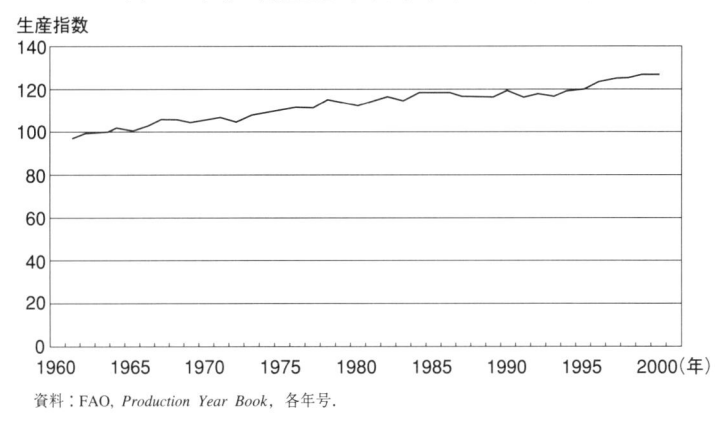

図 3-3 世界の食糧生産（1人当り）(1961-65 年＝100)

資料：FAO, *Production Year Book*, 各年号.

産は世界平均で増え続けている．すなわち，人口増加率を上回る食糧の増産があったことになる．世界の穀物生産は，少なくとも 1960 年から 1990 年に至る 30 年間を平均すると，人口増加率（1.8％）を上回る伸び（2.3％）を記録した．それは，「緑の革命」によって，とりわけ発展途上国の食糧生産が改善してきたからである[17]．需給の過不足は価格動向からも推測できる．食糧価格を示した図 3-4 によると，1960 年代から 1980 年代にかけて一般物価と同じように上昇してはいた．しかし先進諸国の卸売物価に対する食糧の相対価格を表した図 3-5 は，1973 年前後の急騰を別にすると，下降傾向がみられる．食糧の相対価格が軟化気味なことは，たしかに供給が不足していないことを示唆している．もっとも図 3-5 は，食糧輸出国の交易条件を表していると解釈することもできる．交易条件論争にもあるように，相対価格の低下は食糧の供給が相対的に多くなったことだけが原因ではない．しかし，先進諸国では，農業保護政策で生産制限しているので，潜在的な供給力は現状よりもかなり大きいことは間違いない．生産制限をしても，消費に対して過剰農産物が残るので，補助金をつけて輸出しているほどである．

---

[17] 荏開津（1994），p.9-10．また図 1 と図 2-2 と同じようなデータを使った議論は，すでに *Economist*（1997）に出ている．

図 3-4　食糧価格（1960 年＝100）

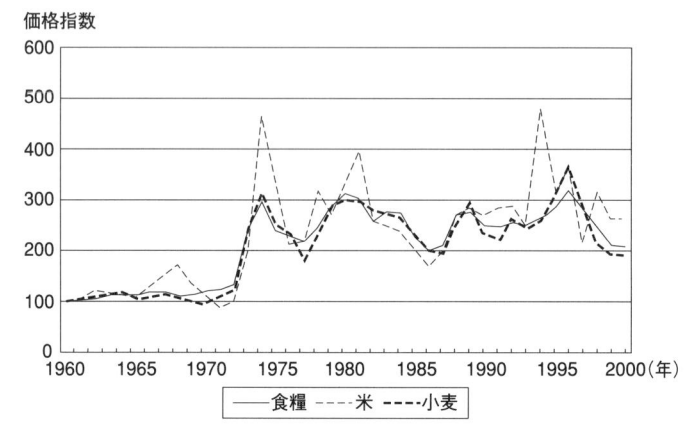

資料：IMF, *International Financial Statistics Yearbook 1990, 2001*.
註：米はタイ，小麦はアメリカの価格．

図 3-5　食糧の相対価格（1960 年＝100）

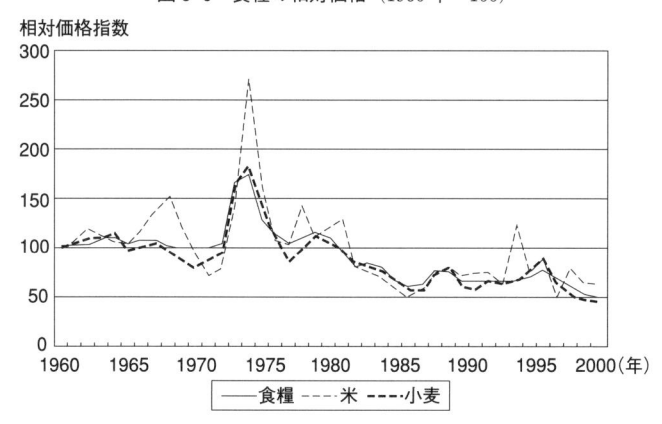

資料：IMF, *International Financial Statistics Yearbook 1990, 2001*.
註：米はタイ，小麦はアメリカの価格，先進諸国の卸売物価に対する交易条件．

先進諸国の中で，日本のように食糧自給率が低い国はむしろ例外的である．

表 3-4 の 1 人当り食糧消費によると，世界の平均は 2000 年の時点で 2,800 キロカロリー，途上国だけを取り出しても 2,700 キロカロリー弱になり，これだけで通常の生活には十分である[18]．1960 年代の初め，発展途上国に住む人口の約半分にあたる 10 億人が十分な食糧を手に入れることができなかった．もしこの割合が変わらず続いたとするならば，現在の食糧不足人口（1 日のカロリー摂取量が 2,000 キロ以下）は 20 億人に達していたはずであるが，実際は 8 億人にすぎない（！）[19]．このように事態が改善したのは，いうまでもなく「緑の革命」の成果である．これによって，とりわけ発展途上国の食糧事情が改善した．

表 3-4 穀物自給率と食糧消費

地域/年次	穀物自給率（%）				1 人当り食糧消費（kcal/日）			
	1969/71	1979/81	1988/90	2000	1969/71	1979/81	1988/90	2000
世界	100	100	99	100	2,434	2,579	2,697	2,804
開発途上国	97	91	91	90	2,122	2,327	2,474	2,676
アフリカ(サハラ以南)	97	86	86	77	2,138	2,120	2,098	2,204
近東・北アフリカ	87	73	65	n.a.	2,384	2,833	3,010	n.a.
東アジア	98	95	96	92*	2,020	2,342	2,597	2,708*
南アジア	97	96	102	n.a.	2,041	2,090	2,215	n.a.
中南米	105	93	88	103**	2,503	2,694	2,689	2,850*
先進諸国	103	109	108	115	3,195	3,287	3,404	3,266
中国	98	95	98	95	1,989	2,325	2,642	2,979
マレーシア	57	48	32	25	2,482	2,685	2,671	2,917
フィリピン	94	91	83	82	1,738	2,201	2,343	2,375
タイ	159	153	140	143	2,196	2,292	2,280	2,459
インドネシア	94	90	95	88	2,020	2,464	2,605	2,913
インド	98	96	106	109	2,031	2,099	2,229	2,489

資料：Alexandratos（1996），付表．2000 年は FAO, *Statistical Database*, http://faostat.fao.org/faostat/collections による．
註：*アジア，**南米．

---

[18] 日本人の成人が中程度の生活活動強度（「通勤・買物ほか仕事などで 2 時間程度の歩行と事務作業，立位作業」）で必要とする 1 日のカロリーは，20～29 歳の男性で 2,550 キロカロリー，また一般に体格が大きいアメリカでは，23～50 歳の男性で 2,700 キロカロリーとされている．中澤港氏（群馬大学）による．

[19] 以上の統計数値は，Conway and Toenniessen（1999）による．

表 3-5 慢性的栄養不足人口の推定

地域/年次	人口（100万人）				対総人口比率（％）			
	1969/71	1979/81	1988/90	1996/98	1969/71	1979/81	1988/90	1996/98
アフリカ(サハラ以南)	94	129	175	186	35	36	37	34
近東・北アフリカ	42	23	24	36	24	10	8	10
東アジア	506	366	258	155	44	26	16	12
南アジア	245	278	265	294	34	31	24	23
中南米	54	47	59	55	19	13	13	11
途上国計	941	843	781	792	36	26	20	18

資料：Alexandratos（1996），表2.3，FAO, *The State of Food and Agriculture 2001*, Table 4.

　表3-5によると，アフリカ（とりわけサハラ以南）や南アジアで慢性的栄養不足の人口は増加しているが，総人口に対する比率では，近東・北アフリカを除いてすべての地域で明らかに低下している．なかでも東アジアの減退が目につくのは経済発展の恩恵によるだろう．とはいえ，現実には8億もの人びとが栄養不足に陥っていることが，大きな問題であることに変わりはない．カロリー量の不足ばかりではなく，たんぱく質や，ビタミン，ミネラルの不足も深刻である．たとえば，約1億人の，5歳以下の子供がビタミンA不足で眼病になり，やがては目が見えなくなっている．また，傾向として事態が改善してきたからといって，これまでの傾向が今後も続くかどうか，という問題もあらためて検討する必要がある．

　食糧不足よりもむしろ目立つのは，飽食する先進諸国と，飢餓に悩む途上国の対照的な様相である．表3-4によると，先進諸国と途上国の間で1人当り食糧消費にかなり大きな格差があり，前者は後者よりも40％も多い．アメリカ成人の約4分の1が「太りぎみ」であるように，先進諸国で過食傾向にあることはよく知られているが，中国や中南米などの発展途上国でも「太りぎみ」傾向がみられる．たとえば，ブラジルでは，31％，コロンビアでは43％が「太りぎみ」といわれる[20]．それは，途上国の内部でも分配に問題があることを示唆している．

---

20) Brown *et al*. (2000), 訳書, p.105.「栄養不良」(undernutrition) は，労働の質を低下させるので，貧困から脱け出すことを妨げる．その意味で「飢餓」(hunger) よりも深刻な問題になる，という説もある．Dasguputa (1998).

A.センが，飢餓は天災などの自然現象ではなく，社会的配分に原因があり，人災とみなすべきと述べたことは有名であるが，この指摘は一国内のみならず，世界的な次元でも妥当する．さらに，世界的に最大規模の餓死者が出たのは，政治状況，あるいは間違った政策と密接に結びついていた．中国では一説によると，1950年代末から1960年代初頭にかけて「大躍進」政策の失敗から3,000万人の死者が出たといわれる．同じく，ソ連では1930年代に「約500万人の異常な死」があったと推測されているが，いずれの場合も，無理な耕地拡大や農業集団化などの社会主義的政策の結果であった[21]．

　また食糧の過不足は，動物性食品の消費水準によっても大きく影響される．肉の原料となる家畜は，穀物飼料の多消費によって支えられているからであり，いうまでもなく，先進諸国では途上国に比べて動物性食品の占める割合が大きい．畜産物1kgを生産するのに，豚肉では必要な穀物の重量が約7kg，鶏肉では4kg，牛肉になると11kgにもなる．あるいは穀物に換算した消費量（穀物当量）を推定するのに，動物性食品は7倍にして計算する[22]．飼料に向けられる穀物の割合が増えると，食用の価格はその分だけ，押し上げられるので，最貧困層が買える量は減少してしまう．やや統計は古いが，家畜飼料に充てられている穀物部分から，その3分の1だけでも直接消費に振り向けると，世界の1人当りの消費可能量は，約3,000キロカロリーにまでなると推定されていた[23]．要するに，食糧の需要量は，生活習慣によって大きな影響を受けるのである．

　それではなぜ食糧供給の絶対的不足がしばしば議論されるかというと，予測し難い何らかの事情によって「不足」の生じる可能性が否定できないからである．近年，世界的に「食糧不足」が認識された時は2回あった．1回目は1973年の石油危機の時，2回目は1990年の旧ソ連崩壊の時であり，いずれも世界的な「政治変動」と密接な関連があったことに留意する必要

---

21) 荏開津（1994），p.140以下，Lewis（1949），訳書，p.142.
22) 東京大学農学部編（1998），p.13，荏開津（1994），p.90.
23) 食糧消費の数値は，Alexandratos（1996），pp.49–50による.

がある[24]．人間の生存にとって食糧は不可欠なので，短期的な不足にも備えるために，「食糧安保」論が登場してくる余地がある．

このように突発的な例を別にしても，長期的にみると，穀物生産の増加率は逓減し，1980年代には人口増加率を下回るまでになったことを憂慮する人もいる．これは，「緑の革命」の成果が使いつくされた結果であり，第2の「緑の革命」を起こさねばならないとの主張も現れている[25]．この点にだけ着目すると，「マルサス問題」の再来というシナリオも予想されるが，1980年代以降に穀物生産が低迷しているのは，実は東欧，ソ連と先進諸国である．前者の旧社会主義国は体制移行にともなう混乱によるが，後者の先進諸国では農業保護政策で生産を制限しているので，潜在的な供給力は現状よりもかなり大きいことは間違いない[26]．

食糧の供給と分配問題

食糧問題の核心が，供給不足ではなく分配にあるとすれば，世界的に食糧をいかに再分配するか，市場メカニズムにどこまで依存できるかが，重要な問題である．しかし，この点に関して解決の糸口は見出されていない．

世界の食糧貿易（輸出国と輸入国の構成）をみると，先進諸国から途上国へ食糧輸出が逆の方向への食糧輸出にほぼ匹敵するというのが近年の傾向である（表3-6）．先進諸国が工業製品，途上国が農産物を各々輸出するという古典的な分業関係は，もはや過去のものである．途上国は貴重な外貨収入を食糧輸入に使ってしまうので，開発に必要な資本財の購入に向けられないというジレンマに陥っている．となると食糧自給策を目指すべきとなるが，自給率をどの水準にまで引き上げるべきかは，一概に決められない．先進諸国と同じように「食糧安保」の観点は当然考慮されねばなら

---

24) 高瀬（1998）．
25) 荏開津（1994），p.9–10，速水（2000），pp.112–116，Conway and Toenniessen（1999）．
26) 森島ほか（1995），p.33．世界の穀物生産は，1981年から1991年の間に年平均で0.9%伸びたが，アフリカ諸国とインドでは各々1.7%と世界全体を上回る伸びであった．他方の先進諸国では，アメリカが1.1%に対し，ヨーロッパは0%，日本はマイナス1.2%の伸びであった．FAO, *Production Yearbook 2001*, より算出した．

表3-6 食糧の貿易構造　　　　　　　　（単位：10億ドル）

輸出国 全世界	輸入国 先進諸国	発展途上国	南北アメリカ	アフリカ	アジア	全世界
1980	135.7	60.3	13.2	13.4	31.9	221.1
1990	227.0	75.6	13.6	13.1	46.4	320.6
1999	292.7	113.8	24.3	14.8	71.3	429.6
先進諸国						
1980	94.1	38.1	9.5	9.9	17.6	142.4
1990	166.2	42.1	8.6	8.9	23.0	216.9
1999	211.6	55.6	14.0	9.4	30.2	280.3
発展途上国						
1980	38.8	19.7	3.1	2.8	13.4	69.0
1990	55.8	31.3	4.7	4.1	22.1	93.6
1999	76.9	56.5	10.2	5.3	40.0	139.2
EU						
1980	58.6	14.0	2.0	6.2	5.5	76.0
1990	120.9	17.8	2.7	6.0	8.1	143.2
1999	153.2	20.6	3.0	5.7	10.6	182.2
アメリカ						
1980	19.6	15.4	6.2	2.1	6.9	38.8
1990	23.6	15.0	4.9	1.7	8.3	41.5
1999	27.0	22.1	9.2	2.1	10.7	50.1

資料：UNCTAD, *Handbook of Statistics 2001*.
註：食糧にはタバコ，食用油を含む．

ないが，他方で先進諸国で農業保護政策がどのように推移するかによっても，自給目標値は変わってくる．

　食糧農産物は先進国，途上国双方の保護政策によって価格が歪められているので，単純に比較優位説を適用することはできない．先進諸国の農業保護政策は，過剰在庫を解消するために，低価格での輸出を増加させる．その結果，一方で食糧を輸出できる途上国からその機会を奪い，他方では，輸入国に安い穀物が入ると，食糧自給を目指す途上国の努力を妨げるという二重の弊害がある．

　それでは保護主義を撤廃し，市場メカニズムの働きを回復させることで

表3-7　日本，アメリカ，ヨーロッパの作付面積と収量

(単位：面積　1,000 ヘクタール，収量　ヘクタール当り kg)

地域／年次		1948/49–52/53	1969–71	1979–81	1989–91	2000	2000/戦後(倍率)
アメリカ	作付面積	81,497	60,709	72,541	63,775	58,634	0.72
	反当り収量	1,675	3,458	4,153	4,580	5,865	3.50
日本	作付面積	4,964	3,490	2,724	2,469	2,040	0.41
	反当り収量	3,313	5,042	5,256	5,645	6,260	1.89
EU	作付面積	23,081	23,577	23,230	21,148	21,006	0.91
	反当り収量	1,867	3,371	4,283	5,536	6,510	3.49

資料：FAO, *Production Yearbook*, 1965, 1980, 1985, 2000.
註：EU は，EEC 結成時の参加国であるドイツ（東西を合計した），フランス，イタリアとベネルクス 3 国の合計値．

　食糧の分配や供給を解決できるかというと，その答えは否定的にならざるをえない．もし先進諸国が農業保護政策をやめれば，生産制限が外されるだけさらに供給が増え，価格は下がるはずである．技術的な可能性に関して不明な点もあるので，どの程度まで食糧の増産が可能かを正確にいうことはできないが，作付面積の減少からある程度の推測は可能である．

　表3-7 から，アメリカ，EU，日本について，作付面積が最高であった戦後の時期と現在を比べてみると，アメリカでは28％，日本では59％の減少となっている．これに比べると，EU の減少は9％にすぎない．この間に反当り収量が大幅に伸びているので，もし作付面積が戦後の水準にまで回復できたとすると，かなりの増産が見込めるであろう．1950 年前後の作付面積に 2000 年の反当り収量を乗じると，2000 年の生産高に比べて，アメリカは約38％，EU で10％，日本では実に143％も増えることになる．とはいえ，1950 年前後に耕地であっても，その後，住宅地や工場に転換されたり，生産制限が長期にわたっておこなわれたりすると，生産再開は円滑に進まない．したがって以上の推計はあくまでも最大の限界値であるが，下方の限界値がどの程度になるかは，残念ながら不明である[27]．また生産制限を外した結果，価格が下落した時に，先進諸国の農民がなお生産を継続するか

---

27) Brown（1995）は，アメリカとヨーロッパの休耕地を生産農地に戻せば世界の穀物収穫量は2％増えるとしている．(p.138, 訳書, p.159) その根拠は述べていないが，これはあまりに過小評価であろう．

どうかは予測し難い．少なくとも一部は脱農化するだろうし，そうなると食糧増産の余地はさらに小さくなるかもしれない．

次に途上国の場合には，どうすれば食糧増産は可能になるだろうか．教科書的な通説によると，ここでは農業に不利な価格政策の歪みを是正することが，さしあたり最も重要な政策課題になる．途上国では，農産物に輸出税を課して輸出を抑制し，国内供給を優先させたり，政府の独占的買上げ機関（marketing board）によって国内価格を低く抑える政策をとってきた．工業原料や資本財を安く輸入するために過大評価された為替相場も，価格の歪みの一種であるが，その結果，食糧の輸入価格も下がり，自給率も下がる．開発政策の目標が，戦後，長い間，工業化（しかも当初は輸入代替化）に偏り，工業の農業に対する交易条件を人為的に有利に設定してきたのである．こうした政策が，農業および地方の発展を軽視することになり，農民の増産意欲を阻害してきた．そこに先進諸国の余剰農産物処理が重なって，途上国は食糧輸入依存度を高めてきた[28]．

しかし個々の国を詳しくみると，実際の農業政策は教科書とは異なった種類の問題を抱えている．たとえばインドでは，1991年の「新経済政策」から農産物価格の適正化（引上げ）が進んだといわれる．米，小麦の政府買付価格が引上げられた結果，むしろ過剰在庫が生じ，食糧輸出も伸びている．また農業部門は電力料金や金融で優遇され，財政収支でみても受取超過になっている[29]．このような事態が途上国の中でどこまで広がっているかは不明であるが，少なくとも通説で描かれてきたような農業政策のイメージが単純すぎることは否定できないであろう．

途上国では，食糧生産，あるいは農業の成長は，経済発展の鍵を握っている．これらの諸国は一国経済の中で農業の占める割合が大きく，しかも貧困層は地方の農村に集中しているからである．不安定な就業先を求めて大都市に人口が集中する傾向に歯止めをかけるためにも，農業の発展が望

---

28) Tietenberg (2000), ch. 11, 東京大学農学部 (1998), pp. 31-32.
29) この点は，藤田 (2002) に詳しい．

まれる．しかし耕地の拡大は，森林の減少，土壌の流出や砂漠化につながって，自然環境への負担を大きくするという副作用もある．

中国とインドの農業事情

　中国にとって食糧を自給できるかどうかは，安全保障の観点からも，また「大躍進」の時期に生じた大飢餓をくり返さないためにも，重要な課題である．耕地面積がもともと少ないうえに，減少しつつあることに問題の一端が現れている．革命後 1957 年頃まで耕地は増えていたが，その後はほぼ一貫した減少をみせている．全国的には農地から草地などへの転用が最大の減少要因であるが，耕地として最適の沿岸部では都市化が最大の要因である．ただし中国の耕地面積の統計は信頼性が低いともいわれている．もう 1 つの問題は，水資源と耕地の分布が南北で対照的であり，耕地面積の多い北部では水が少なく，逆に降雨量が多い南部では相対的に耕地が少ないことである．そこで北部では，水不足が耕作にとって最大の障害になりつつあり，南部から農業用水を送る大運河の建設が計画されている．

　L. ブラウン（1995）は「だれが中国を養うのか」という問題を提起して，中国の内外で反響を呼んだ．一方で増大し続ける人口と所得上昇による食糧需要の高度化（肉消費の増大）があり，他方で耕地の減少，水不足などが重なり，中国は 2030 年には 3 億トン以上の穀物を輸入しなければならないと推定した．工業製品を輸出して，食糧を輸入することはたしかに可能であるが，中国の輸入量は巨大になるので，世界の穀物市況は一変するというのである．たしかに表3-4 によると，中国の穀物自給率はすでに100％を割っているが，今後の農業生産がどのように推移するかは，統計の信頼性も含めて不確実な点が多い．またすでにみたように，世界的な穀物需給はブラウンが警告するほど逼迫してはいないのである．

　インドでは，降水量の多い東側で稲作が主であり，西側では降水量も少なく，伝統的に小麦が栽培されていたが，穀倉地帯であるパンジャブ，ハリヤーナ州などでは，灌漑によって米作もおこなわれている．中国と対比して，単位面積当りの収穫（反収）が低く，灌漑率，肥料投入の低さも目

立つ．逆にいうと，技術的改良が加えられると，収穫を増加させる余地は大きいともいえる[30]．多数の飢餓人口を抱えるインドではあるが，近年では穀物自給率は100％を超え，輸出すらおこなわれていることはすでに述べた．飢餓は食糧の絶対的な不足ではなく，分配に原因があるという命題はここにもあてはまる．

　ハリヤーナ州では，政府が食糧自給の観点から米と小麦の輪作を奨励し，米の価格支持政策で過剰生産が生じている．もともと水田に適してはいない地域なので，灌漑は地下水の汲み上げに依存し，地下水位の低下という弊害が生じている．以前の水位は20フィートであったが，近年は120ないし250フィートまで掘らないと水面に達しない．その結果，井戸の掘削や電動ポンプに多大な投資が必要になる．他方で，インドの最貧地域の1つである西ベンガルやビハール州は，ガンジス川流域なので水が豊富にある．本来は水田に適しているはずであるが，河川から離れた地域には灌漑設備が欠かせない．またしばしば洪水の被害に見舞われるので，治水が大きな課題になる．しかしこうした灌漑・治水事業に公共投資が十分おこなわれないために，貧困から脱け出せないという矛盾が生じている[31]．

「緑の革命」の評価

　「緑の革命」は，1950年代にアメリカ，ローデシアでとうもろこしの品種改良が成功し，中米や東アフリカに広がったことに起源があるといわれる．その後1960年代には小麦，米などの改良品種が各々インド，東アジアに普及して，反収が増加した．通常はこのような1960年代以降の増産効果を指して「緑の革命」という．小麦の品種改良はロックフェラー財団がメキシコでおこない，米の近代品種はフィリピンの国際稲研究所（IRRI）によって開発された．

---

30) Hashim *et al*.(2001), Table 4.3.
31) 2003年6月の調査による．インド農業の現状については，藤田（2002）も参照．

その評価に関しては，積極的な肯定説と疑問ないし否定説とが並存している．肯定説は速水（1995）に代表される．農業生産性の向上は，農業が大きな比重を占める途上国経済の成長率を押し上げる効果が大きい．また農産物の供給増による価格低下は，実質賃金を押し上げる．あるいは，実質賃金が変わらないように名目賃金が調整される（下げられる）と，工業の利潤が増大し，その部門の投資が促される．農業で余剰になった労働力は工業部門に移動し，この面でも工業化を支援する．イギリスや他の西欧諸国の歴史をふり返っても，農業革命が産業革命に先行していた．

　他方で否定説によると，小農は耕作を拡大する資金や土地を持たないので，改良種を作付けできる地主や上層農民にのみ利益が帰属し，農村内で格差が拡大した．あるいは，肥料や農薬，農機具を供給する多国籍企業だけが大きな利益をあげることになる．特定品種への偏りは病虫害のリスクを大きくするので，その対策として農薬が大量に使用され，自然環境や農民の健康に被害を及ぼしたとする批判もある[32]．しかしこうした「陰」の側面は，新しい技術それ自体の意義を否定するものではない．導入するにあたって，社会改良措置や安全対策を合わせて実施することが求められる．

環境破壊

　「緑の革命」に代表される農業技術の発展は食糧不足を解消することに大きな役割をはたしたが，その一方で，農業の生産活動には，環境保全との関係からさまざまな限界が指摘されるようになった[33]．

　第1に品種改良は，生物の多様性を脅威にさらし，将来の育種開発に可能性を閉ざすというジレンマを抱えている．また病虫害への抵抗力が下がりかねないことも問題になる．こうした懸念は，すでに「緑の革命」に関して当初から表明されていたが，最後まで解消されたわけではない．さらに遺伝子操作による新しい農産物の開発にまで行きつくと，世論がどこまでそれを許容するか疑問である[34]．食糧生産の動向に対して楽観的な FAO

---

32) George（1977），第5章，絵所（1997），pp.62-63 など．
33) 荏開津（1994），第9章などによる．
34) GMF に関する評価は，Lomborg（2001），p.342 以下も参照．

は，遺伝子組み換え（GM）作物には否定的な立場をとっている．しかしアメリカでは，1998年に棉花の40%，大豆の35%，トウモロコシの25%がすでにGM作物であり，こうした品種の改良を推進しているのは，少数の多国籍企業である[35]．こうした背景からGM作物の貿易自由化が今後ますます大きな圧力となっていくと予想される．

　第2に，レイチェル・カーソンの『沈黙の春』（1962年）が問題提起したことで有名になったように，農薬の弊害がある．それに加えて，肥料の大量投与や大規模牧畜による糞尿の発生が土壌や地下水を汚染している．しかし多くの発展途上国では，政府の補助金によって肥料や農薬の使用が奨励されてきた．いうまでもなく，それは農業生産性をあげることが目的であった．化学肥料に含まれる窒素は分解して硝酸になり，河川や地下水が飲み水には適さなくなる．また窒素（および燐）は湖や海の富栄養化の原因になり，水産業に打撃を与えるばかりではなく，生物多様性にも悪影響を及ぼす．有機農業はこうした副作用を克服する途であるが，収穫量が低下し，費用が割高になる点に短所がある．

　第3に，灌漑設備（たとえばダム）の建設そのものが，環境破壊の要因になるうえに，排水設備が未整備の状態で灌漑を続けると，灌漑水が地中に透過して地下水位を上昇させる．地下水が上がりすぎると，毛細管現象によって地表にまで昇り蒸発する．そして地下水に塩分が含まれていると，蒸発した後に塩分が残り，農地は使用不能となる．こうして失われる農地は，灌漑によって新たに追加される面積にほぼ等しいとまでいわれている[36]．またインドの穀倉地帯でおこなわれているように，水田に適さない所で米作が奨励されると，地下水灌漑への依存が大きくなり，やがて水源の枯渇という危険性をはらんでいる．いずれにしろ水資源の管理は，今後ますます重要な課題になってくるであろう．

　第4に農業が森林破壊の原因になるとの批判もある．無理な耕地の開発

---

35) Conway and Toenniessen (1999).
36) Dasgupta (1995a), pp.162-163.

のほかに，しばしば焼畑農業が非難の的になる．だが伝統的に焼畑農業は自然の生態系を維持する範囲内でおこなわれていたはずであり，近年の状況はやや事情が異なるとみるべきであろう．1997年のインドネシアの森林火災について焼畑が原因であるとの報道が一部でなされたが，最大の原因はヤシ農園や産業造林のための「火入れ」であった[37]．他方では，発展途上国全体ではエネルギー消費の25%，アフリカ諸国では50%が薪などのバイオマスに依存しており，薪採集によって森林面積が減少するともいわれる[38]．

3.3 エネルギー

エネルギー供給

ローマクラブの予測に対して種々の批判が寄せられたことはすでにふれたが，最近になっても，エネルギー供給の限界を指摘する説はくり返し現れている．たとえば世界の炭化水素の生産量は，2010年をピークにして低下するとの予測があり，さらに「政治的リスク」も強調される．中東以外の石油資源が限界に近く，もし中東諸国が何らかの政治不安から生産を縮小すると，深刻な事態になるというのである[39]．未来の予測にはどうしても不確実性がともなうので，そうした可能性を織り込んだうえで，将来に備える必要がある．

化石燃料のように再生不可能なエネルギー資源に関しては，ストック現在量（current reserves），潜在ストック量（potential reserves），埋蔵量（resource endowment）など種々の概念があり，しばしば混同される．エネルギー資源の将来を予測する際には，各々を区別して議論することが重要である．「現在量」とは，現在の価格と費用の下で採取できるストックであり，

---

37) 井上（2001），また日本環境会議（2000），p.242以下．
38) Lomborg（2001），p.113．森林の減少に関しては，第5章でも論じているので参照されたい．
39) Bentley（2002）．

「潜在量」は価格・費用関係が変化するに応じて，見通しが可変的な量である．これらに対して「埋蔵量」は，価格には関係なく地下に資源として存在する量である．その量を正確に知ることはできないが，いうまでもなく地球上に存在する量は有限である．将来どのように技術革新があったとしても，これ以上は増えない上限値である[40]．再生不可能なエネルギー資源に限界があることを示すのはこの「埋蔵量」であるが，実際の供給量に関係してくるのは，「現在量」と「潜在量」である．しかし「現在量」と「潜在量」の間の線引きは，技術や経済情勢によって可変的である．

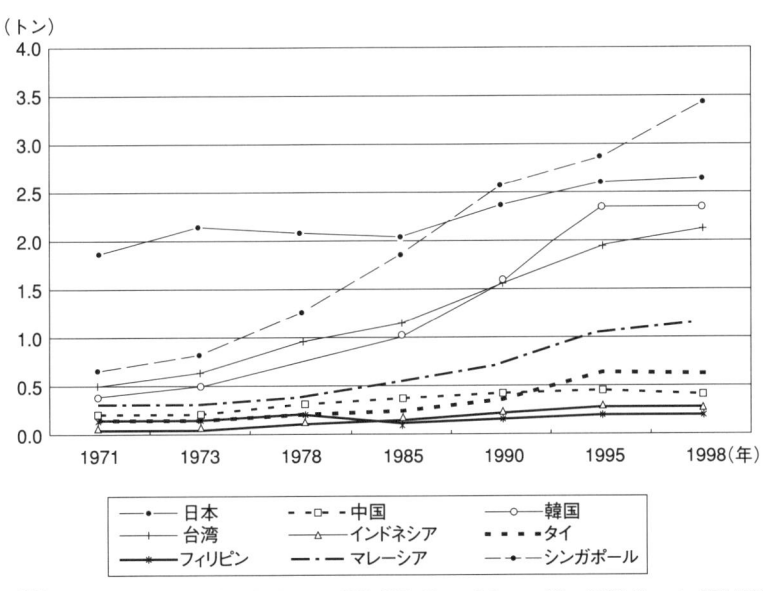

図3-6　1人当りエネルギー消費（石油換算値）

資料：IEA, *Energy Balances of OECD Countries 1997-1998*, *Energy Balances of Non-OECD Countries 1997-1998*.
註：エネルギーの消費は最終消費（TFC）を指標とする．

---

40) Tietenberg（2000），p.26.

エネルギー消費

　エネルギー消費は一般に所得と並行して増大する．すなわち所得弾力性は正である．図 3-6 によると，経済発展が目覚しかった東アジアの諸国で共通してエネルギー消費（1人当り）が伸びているが，1人当り消費量は国ごとの所得水準とほぼ対応している．やや特異なのは，シンガポールのエネルギー消費が 1973 年以降急増し，近年では抜群に大きいことである[41]．シンガポールのエネルギー消費がなぜこれほど大きくなるのか，その理由は必ずしも明瞭ではない．しかし，購買力平価（1990 年 US ドル）を使って 1 人当りの GDP を表示すると，1997 年のシンガポールは 29,181 ドルであり，日本の 20,709 ドルを優に超えていた[42]．エネルギー消費が所得水準に対応すると仮定すると，シンガポールの消費量はそれほど異常なことではないのである．

　産業構造との関連では，第 1 次産業から第 2 次産業へ中心が移行すれば，たしかにエネルギー密度（GDP 単位当りのエネルギー消費量）は増大する．ところが，さらに第 3 次産業に中心が移ると，エネルギー密度が低下するかどうかは，実は不確実である．先進諸国の経験によると，サービス経済化が進むとオフィス面積の増大や情報機器の利用で，かえって電力需要が増えたという現実がある[43]．日本の身近な経験でも，24 時間営業のコンビニ店が普及すると，電力や配送車のガソリン消費が増えることが知られている．

　しかしエネルギー効率（エネルギー密度の逆数）も可変的である．歴史的には，先進諸国に共通してエネルギー効率の上昇（エネルギー密度の低

---

41) ここでエネルギー消費というのは，国内生産＋輸入－輸出＋在庫変動から算出される TPES（total primary energy supply）ではなく，そこからさらに，発電や石油精製などに要したエネルギー部分を差し引き，その上に電力や生産された石油製品を加えた最終消費（TFC：total final consumption）である．
42) IEA, *CO_2 Emissions from Fuel Combustion 1971-1997*, Paris 1999 から算出した．
43) Krackeler *et al*. (1998).

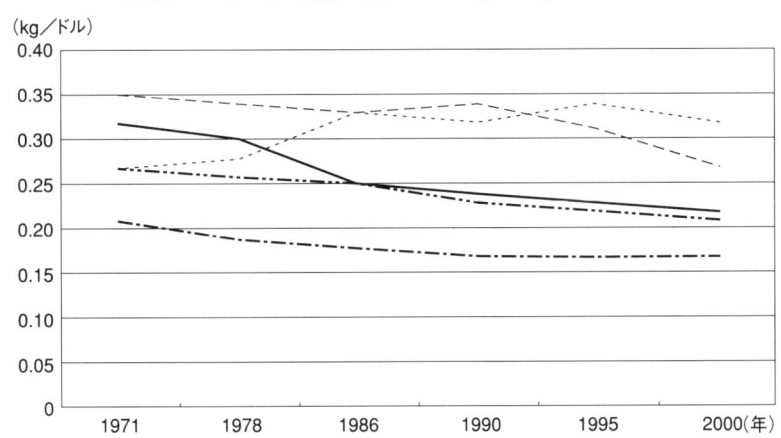

図 3-7 エネルギー密度の推移：OECD 諸国と非 OECD 諸国

(kg／ドル)

凡例：OECD諸国　---- 非OECD諸国　‥‥ アフリカ　—・— 中南米　—‥— アジア

出所：IEA, *Energy Balances of Non-OECD Countries 1999-2000*.
註：エネルギー密度は，GDP 単位当りのエネルギーの消費 TPES によって表す．GDP は 1995 年 US ドル (ppp) で表示．

下）が認められ，エネルギー消費の所得弾力性は 1 以下になった．その一方で，もともとエネルギー消費量の小さかった途上国では，エネルギー密度が上昇する傾向がみられる．2 つの傾向が合わさって先進国と途上国のエネルギー密度はたがいに接近してきたといわれる[44]．しかし図 3-7 によると，OECD 諸国が 1970 年代初頭からエネルギー密度を低下させたのと同様に，非 OECD 諸国もやや遅れて 1990 年以降に明瞭な低下傾向をみせている．この図でエネルギー密度が上昇したのは，1971 年から 1995 年までのアフリカ諸国のみであった．途上国が先進諸国から高いエネルギー効率の生産設備を導入する（すなわち「後発の利益」を生かす）ことができれば，エネルギー密度が低下することは間違いない．この統計は，すでにその兆候が現れていることを示唆しているのである．

ただし，エネルギー効率の数値は GDP 統計によって大きく左右されるこ

---

44) Mielnik and Goldemberg (2000)．この指摘と図 3-7 の傾向が異なるのは，資料源とグループの分類が違うことによる．

とに注意が必要である．GDPの短期的な変動は別にしても，この図では1995年のドル（購買力平価）で表示しているが，ドル建てに共通化するときに，どのような為替相場を採用するかによって値はおのずから異なってくる．しかしこれは，所得の国際比較に避けられない制約であり，実証研究では，市場で日々変動する名目為替相場ではなく，購買力平価表示の値が多く使われる[45]．もう1つ注意しなければならないのは，エネルギー効率が上昇しても，経済成長が続くかぎり，通常はエネルギー消費それ自体は増えることである．たしかにエネルギー効率が経済成長率以上に上昇すれば，エネルギー消費量は減少するが，そこまでエネルギー効率が上昇することは稀であろう．いずれエネルギー供給の「限界」が訪れるという懸念が消えないのはそのためである．

また短期的には，石油危機のようなショックがあると，省エネ対策が進みエネルギー効率はかなり上昇する．言葉を換えていうと，エネルギー需要の価格弾力性はマイナスで，その絶対値はかなり大きい．その典型的な例は第一次石油危機後の日本であるが，中国，台湾など一部の東アジアの諸国がエネルギー効率を向上させてきたのは，短期的ショックによるのか，中長期的な「後発の利益」効果によるのかさらに検討の余地がある．「後発の利益」については，第4章3節であらためて取り上げる．

エネルギー源の転換

エネルギー源を石油から石炭，原子力に転換すると，石油よりもはるかに使用可能年数が伸びることはたしかである．だが石炭はSO_xや温暖化ガスの発生を増加させるという副作用が無視できない．化石燃料の中でもエネルギー単位当りのCO_2やSO_xの発生量にかなりの差がある．CO_2発生量は石炭を100とすると，天然ガスは58，石油は84となり，SO_xの発生量は

---

45) 第4章でふれるEKCに関する文献でも，所得は購買力平価表示のデータを使うことが多い．その点は，たとえばStern, Common, and Barbier（1996）を参照．

同じく石炭を 100 とすると，天然ガスは 0，石油は 69 となる[46]．原子力は直接的に CO_2 を排出しない「クリーン」なエネルギーではあるが，原発事故の危険性があるばかりではなく，廃棄物の処理問題も片付いてはいない．こうしたリスクは原子力への依存度にも影響する．アメリカでは，1973 年に稼動中と計画中を合わせて原子力発電所は 219 ヵ所にあったが，スリーマイル島の事故（1979 年）を経験し，チェルノブイリの事故があった 1986 年には，130 ヵ所にまで減少した．しかしフランスや日本では原子力への依存度が依然として大きい[47]．

再生可能エネルギー（バイオマス，水力，風力など）と再生不可能なエネルギー（化石燃料）に分けると，再生可能なエネルギー源への移行が「成長への限界」や地球温暖化の解決手段になると期待されている．太陽電池，風力発電，水素ガスなどは，技術的問題が解決されても，経済的な可能性（費用）が制約になる．少なくとも現時点では，再生エネルギーは割高であり，需要を刺激するために補助金が支出されることもある．たとえばアメリカでは 1992 年以来，風力発電に kW 時当り 1.5 セント支払われている[48]．こうした誘導政策で需要が広がると，生産コストがますます下がるという好循環も期待される．

概して低い費用で調達できるバイオマス・エネルギーは，温暖化のもう 1 つの解決策である．バイオマスのなかでも，南アジアなどで使われている家畜の糞になると話は別になるが，木や藁など植物性のバイオマスのなかには，すでに光合成によって CO_2 が吸収されている．この植物を燃焼して CO_2 が排出されても，その量は吸収された分と変わらない．したがって，植物が生育するまでの時間差を無視すると，CO_2 の排出量は差し引きゼロになるのである．1990 年の時点で世界の一次エネルギー源として，バイオマス

---

46) 松岡・松本（1998）による．中国の比率は，100：62：83 とほぼ等しい値になる．Zhang（2000）．
47) Tietenberg（2000），p. 167 以下．
48) Tietenberg（2000），p. 175.

は14％を占め，原子力と水力の合計（10％強）を優に超えていた[49]．バイオマスの利用は発展途上国のなかでも地方の最貧地域に多い．バイオマスに依存している人口比率は，2000年に途上国全体では52％であるが，サハラ以南のアフリカで89％，インドネシア74％，インド58％，中国で56％と推定されている[50]．

　薪が燃料として使われると森林を破壊するという懸念もあるが，再生の範囲内で木材を消費するかぎり問題は生じない．インドの農村で家庭用に採取される薪は，女性や小児が小枝を集めることが主であり，立木の伐採はほとんどないとの説もある[51]．また森林経営には間伐が不可欠なので，その部分を燃料にするかぎり森林の保全と両立する．ただし途上国の家庭で使われる薪や藁が（主として女性に）呼吸器疾患を多く生み出しているので，バイオマスの利用はその点への配慮が必要である．現在，多くの途上国でみられるバイオマスから電力や化石燃料など商業エネルギーへの移行は，このような健康被害を少なくする効果もある．バイオマス・エネルギーの利用は，直接の燃焼に充てるだけではなく，化学反応によって（たとえばアルコールを生産して）取り出す方法も試みられている．

中国とインドのエネルギー事情

　人口大国であり，近年成長が加速している中国やインドにおいて，エネルギー消費がどのように推移していくかは，今後の世界のエネルギー需給関係にきわめて大きな影響を及ぼす要素である．中国は，世界のエネルギー消費で1割強を占めるが，インドはその半分以下のシェアにすぎない．それは1人当りの消費量が中国の6分の1にも達しないことの反映である（表3-8）．逆にいうと，インドの所得水準がこれから中国に近づくにつれて，エネルギー消費が急速に伸びることを示唆している．

　中国ではエネルギー消費の構成が石炭に偏っている．大気汚染など環境

---

49) IPCC（後述）の推定による．Bolin（1998），p.359.
50) IEA, *World Energy Outlook 2002*, p.387.
51) 柳澤（2002），p.220.

表3-8　一次エネルギー消費量*と構成（2000年）

	中国	インド	OECD	世界
総量(100万トン)**	1,142	502	5,317	9,963
エネルギー密度(1000ドル当りトン)***	0.24	0.22	0.22	0.24
1人当りエネルギー(トン)	3.08	0.49	4.74	1.65
自給率(%)	97	84	72	101
構成比(%)				
石炭	57	33	20	23
石油	19	20	41	35
天然ガス	2	4	22	21
バイオマス・廃棄物その他	19	40	3	11

資料：IEA, *Energy Balances of Non-OECD Countries 1999-2000*.
註：*TPES（total primary energy supply）
　　**石油換算量
　　***1995年ドル（ppp）表示のGDPより算出.

面への配慮から，石炭依存を減らす政策はとられているが，それでも一次エネルギーの約6割を占めている．エネルギーの効率性向上が課題とされているが，1996年を境にエネルギー生産（したがって消費）が減少した一方で，経済成長が続いているので，エネルギー効率は上昇したとみられている．ちなみに中国では，エネルギー消費の大部分は工業によって占められている．2000年において，工業の全エネルギー消費に占める比重は54%であり，第2番目に大きいのは運輸と家計（住宅用）で各15%であった[52]．この比重からみて，エネルギー効率の向上に最も大きく貢献したのは，工業部門であったとみてよいであろう．

　エネルギー生産が1996年をピークにして下降したのは，最大のエネルギー源である石炭生産が減少し，1990年代末には1980年代の水準まで低下したことによる．この点は，石油，天然ガス，水力発電などがいずれも伸び続けているのと対照的である．もっとも，自動車の普及などにより石油の消費と輸入が増えているので，エネルギーの安全保障の観点から石炭への依存を大幅に減らすことは難しい．また地方の小規模炭鉱で生産される石

---

[52] IEA, *World Energy Outlook 2002*. 以下のエネルギーに関する数値は，このほかに Sinton *et al.*（1998），Sinton and Fridley（2000）などによる.

炭は全国的な統計に反映されていないので，石炭の総生産量はそれほど減少していないという説もあるが，エネルギー効率が上昇してきたことはまず間違いない．「西部開発」の一環として，奥地から沿岸部までパイプラインを敷設し，天然ガスを送ることが計画されている．

インドでは，2000年に工業が全エネルギー消費の42%を占め第1位ではあるが，中国と比較すると，シェアはやや小さい．ちなみに第2位は運輸で27%，家計・サービス部門が第3位で22%であった．一次エネルギー源のなかで，石炭の割合が中国に比べて小さい代わりに，バイオマスへの依存が大きく，農村家計ではエネルギー消費の約3分の2を薪に依存している．しかし，しだいに電力など商業エネルギーの占める割合が増加傾向にある．一次エネルギー源としては，今後ますます石炭や石油のシェアが伸びると予想される．

インドは多数の貧困層を抱えているので，エネルギー政策にも社会政策的配慮が働き，たとえば電力価格はコスト割れで供給されている．原価に対する補助金の割合は，農業で実に93%，一般家庭用でも58%にのぼる．逆に産業や鉄道用の電力は原価を上回る価格で供給されているが，それでも全体の平均価格は原価の70%にしか届かない．自由化政策が進められている現在でも，こうした補助金の廃止は政治的，社会的に難しいが，その一方で，電力を利用できていない人口は依然として数億人にも達している．供給網を整備するには，多額のインフラ投資が必要であり，そのためにも電力業の収益性改善が不可欠である[53]．

インドでは近年まで，エネルギー部門に国有企業や強い政府規制があり，その点で中国の社会主義経済と共通する点がある．もっとも中国では石炭の非効率な消費を招いていた補助金がしだいに撤廃されてきた．また石油価格も規制が外され，国際市場価格に近くなってきたので，インドにおけるエネルギー価格の規制がいっそう目立つのである．

---

53) 以上は，IEA, *World Energy Outlook 2002*, Pachauri and Spreng (2002) による．

3.4　貧困—人口—環境の悪循環[54]

　本章の冒頭で述べたように，経済成長は資源の大量消費をともなうが，その結果，大気汚染のような弊害をもたらす傾向がある．その他に，成長につれて自然景観が破壊され，環境劣化を招くという関連もある．そして環境が悪化すると，経済成長に対して社会的，政治的なブレーキがかかるようになる．こうした一連のつながりは，図3-8のように，工業化に成功した国が直面するジレンマといえるだろう．これとは対照的に，貧困諸国

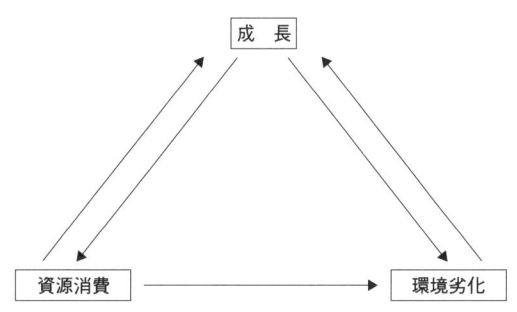

図3-8　工業化に成功した国の場合

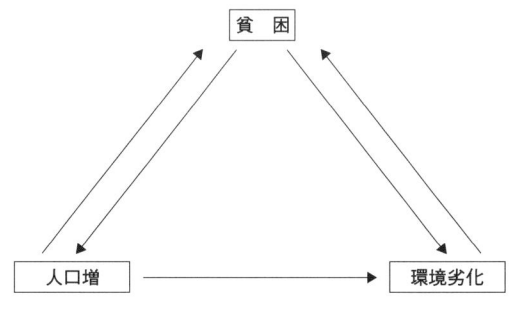

```
            成　長
           ↗      ↖
          ↙        ↘
      資源消費 ――――→ 環境劣化
```

図3-9　貧困国の場合

```
            貧　困
           ↗      ↖
          ↙        ↘
       人口増 ――――→ 環境劣化
```

---

54) Pearce and Warford (1993), ch.6, 11, Dasguputa (1998) も参照せよ．

は図3-9のような悪循環に悩まされる．すでにふれたように，生産（所得）の伸び率が人口成長率を下回ると1人当り所得は低下し，「貧困の罠」に陥る．また貧困は人口増を加速させるという側面があり，また人口増加は環境破壊を招く一因でもある．逆に環境悪化が経済成長（あるいは食糧生産）を制約するという因果関係も働く．以上の関係をもう少し詳しく説明してみよう．

人口増にともなう食糧需要の増加は，森林を伐採したり，急傾斜の丘陵地を切り開くなど，無理な農地開発を促す．そして結果的には，砂漠化や土壌流出の原因になるという事態が，サハラ以南のアフリカ，とくにルワンダ，ブルンディなどで顕著にみられる[55]．より一般的には，貧困を背景にして人口が増大すると，環境への負荷が大きくなるといわれる．逆に，砂漠化のような環境劣化が生じると，農業生産は困難になり，貧困がより一層激しくなるので，貧困と環境劣化の間に悪循環が生じるといえるだろう．こうした事態は，南アジアやサハラ以南のアフリカのように，所得水準が極端に低い「最貧国」に当てはまるが，逆に所得が一定の水準を超えると，こうした悪循環を断ち切ることができる．とりわけ最下層の所得水準を向上させると，その効果は大きくなる．あるいは最貧国では，バイオマスや水の採取に多大なエネルギー（労力）を必要とするが，それは多くの場合，児童労働によって担われるので，多産の1つの誘因になる．したがって，エネルギーや水の取得が容易になると，貧困のみならず，多産傾向の歯止めにもなりうる[56]．

貧困層は厳しい自然環境のなかで生活していることが多いので，わずかの外的ショックに対する反応であっても，自然環境に再生不可能な打撃を与えてしまうことが多い．あるいは貧しいがゆえに，長期的に資源を保存することから生じる利益を考慮する余裕がなく，乱作，乱獲に走ってしまいがちである．もっとも，貧困が必ずしも環境悪化につながるわけではな

---

55) World Bank (1992), 訳書, pp.26-27, 石 (1998), p.180以下．
56) Dasguputa (1998), Lomborg (2001), p.113.

く，たとえば急傾斜地を台地化し，換金作物を植えて，植林拡大と所得増を結びつけるなど，貧困層の反応によって好結果が生れることもある．しかし他方では，未開地に道路が敷設され，商品経済が浸透すると，原住民は共有地を基盤にした生活を奪われることもある．その結果，貧困化と自然資源の乱獲が同時に生じる[57]．

「貧困の罠」を打開するには，まず生産可能性を拡張するような技術革新が必要になる．それに成功すると，前掲の図3-2でGDPの成長率曲線を人口増加率曲線と交わらないところまで上方に移動させることになる．そうなると貧困の「悪循環」の代わりに，所得向上の「好循環」が現れる可能性が生れる．東アジアの諸国はそうした方向への転換に成功した例であるが，低所得国から中所得国へ，さらに高所得国へと移行すると，もう1つ別の，工業化に成功した国に特有な「トリレンマ」(図3-8) に直面するようになる．たとえ成長率が押し上げられたり，資源・食糧の制約が技術的に打開されたりしても，その新しい技術や生産規模の拡大が環境保全と対立することがあるからである．

エーリックの公式

人口の増大が地球の食糧生産や環境保全の限界に直面するという議論は本章の冒頭でも紹介したが，エーリック (P. R. Ehrlich) は，1970年代に人口爆発の危険性に警鐘を鳴らした学者として知られている．彼の名を冠した公式は，次のように表現される．

$$I = P \cdot \frac{C}{P} \cdot \frac{I}{C} = Pci \qquad (1)$$

ここで I：環境への負荷合計，P：人口，C：消費，c：1人当りの消費，i：消費1単位当りの環境への負荷，を表す．

この式は，実は環境悪化をいくつかの要因に分解した恒等式にすぎない．恒等式という性格から，各要因相互の関係については何も語っていないの

---

57) Pearce and Warford (1993), p.272 以下.

である．エーリック自身が主張するように，人口が環境悪化の原因であるとする説は，暗黙の内に c や i が不変であると仮定しているが，この仮定が正しいとはかぎらないことに注意すべきである．一般に人口増加を環境破壊の主要な原因とすることには疑問もあり，人口増加それ自体が問題というよりも，開発のあり方が環境負荷により重要な意味をもってくる．

たとえば人口（P）が増大すると，資源の制約に近づくにつれて，c が減少するかもしれない．また c や P とは直接の関係はないが，とりわけ途上国において新しい技術が導入されたり，環境対策が進むと，i が低下する可能性も残されている．さらに重大な問題は，c や i の値が，国ごと地域ごとに大きく異なることである．人口増加率の高い途上国では，c や i は，少なくとも現在の段階では，まだ小さい．たとえ人口増加が環境悪化をもたらすという関係があったとしても，それがおよぼす世界的な影響はさほど大きくはないのである．その一方で CO_2 の排出量や，とりわけその累積値は，先進諸国の方がはるかに大きい．c や i の高い値を享受している先進諸国の論者は，途上国の人口増加を問題にすることで，みずからの責任を回避しているという鋭い批判もたしかに成り立つのである[58]．

表3-9 燃焼による CO_2 排出量，GDPと人口 （2000年）

	CO_2			対世界シェア(%)		
	排出量 (ギガトン)	同1人当り (トン)	GDP 1単位当り (1 kg/ドル ppp)	CO_2排出 (2000年)	人口	GDP (ppp)
アメリカ	5.66	20.57	0.63	24.2	4.6	21.5
EU	3.16	8.35	0.38	13.5	6.3	19.7
ロシア	2.22	7.66	1.36	9.5	4.8	3.9
日本	1.15	9.10	0.37	4.9	2.1	7.5
中国	3.00	2.37	0.63	12.8	21.0	11.3
インド	0.93	0.92	0.42	4.0	16.9	5.4
OECD	12.45	11.09	0.51	53.2	18.6	59.0
非OECD諸国	10.17	2.07	0.59	43.4	81.4	41.0

資料：IEA, CO_2 Emissions from Fuel Combustion 1971-2000．

---

58) この公式とその解釈については，Amarlic (1995) による．また Ekins and Jacobs (1995) も参照．

(1)式の C をエネルギー消費量とし，I を CO_2 排出総量（E）と読みかえ GDP を加えると，次のように書きかえることができる．

$$E = P \cdot \frac{GDP}{P} \cdot \frac{C}{GDP} \cdot \frac{E}{C}$$

さらに y を1人当り GDP，f をエネルギー密度（GDP 単位当りのエネルギー消費），e を排出係数（エネルギー消費単位当りの CO_2 排出量）とすると

$$E = P \cdot y \cdot f \cdot e \tag{2}$$

すなわち，一国の CO_2 排出量は，人口のみならず，所得水準やエネルギー密度，排出係数などに依存するのである．

表3-9によると，先進 OECD 諸国は CO_2 の発生量が世界の過半を占めるのに対し，人口のシェアでは，逆に2割以下である．それは1人当りの CO_2 発生量にきわめて大きな格差があることを示している．しかしその一方で，この格差は，非 OECD 諸国が今後，経済成長を続けるにつれて，排出量は増加する可能性が高いことを示唆している．発展途上国の中で最も工業化が進んだ東アジアにおいて，エネルギー密度や CO_2 の発生量が目立って多いこともその傍証になるであろう．もっとも温暖化ガスの排出密度（GDP 1単位当りの排出）は，旧社会主義国や途上国が先進諸国を上回っている[59]ので，こうした諸国でエネルギー効率を上げたり，排出係数を下げたりする余地がまだまだ大きいこともたしかである．また先進諸国の中では，アメリカの1人当り排出量が大きく，西欧や日本との間にかなりの差があることも注目に値する．こうした事実は，たんに工業化や経済成長だけが問題ではなく，開発戦略や消費生活のあり方も重要な要素であることを示している．

---

59) 以上，東アジアや旧社会主義諸国の数値は石見（2000），表1, 2も参照．

第4章
持続可能な経済成長

内モンゴルの山地に植林活動が始まっている．
(2003年10月，筆者撮影)

先進諸国では，経済成長は環境悪化という「歪み」を生んだという認識が1970年代から広がっていった．そこで環境を保全するために，経済成長の速度を落すこと，あるいはゼロ成長を目指すべきといった主張が出てきた．『スモール イズ ビューティフル』という書名を掲げた本（E. F. Schumacher著，1973年）が世界的にベストセラーになったのもこの頃であった．他方では，環境対策を進めると経済成長は犠牲になるという理由で，必要な対策に消極的な企業経営者もいる．環境保全が経済成長を制約するとか，環境と経済成長は両立しないという議論は，本当に正しいのだろうか．

　ややデータは古いが，1970–80年代の先進諸国を対象にして，環境対策が経済成長に及ぼした影響を測った調査がある．それによると，マイナスの影響が出た場合でも，せいぜいGNP 1%以内であり，逆に同じような範囲でGNPを押し上げた国の例もいくつかみられた．要するに，環境対策の経済成長に与える影響は意外に小さく，しかもプラス，マイナスの両方向に働くのである[1]．ただしこうした事例は，公害といった局地的な環境対策が主な課題であった時代のものであったことに留意しなければならない．温暖化ガス削減のように，地球規模の対策になってくると，影響の範囲ははるかに広く，大きくなるかもしれない．このように環境問題が変質してくると，はたして経済成長に及ぶ影響も変わってくるのだろうか．本章ではまずこうした一連の疑問を検討することからはじめよう．

4.1　環境保全と経済成長は両立するか

価格・費用関係と需要

　環境対策が経済成長に及ぼす効果をまず価格・費用関係から考えてみよう．経済成長とは，いうまでもなくGDPの規模が大きくなることである．

---

1) Pearce and Warford (1993), pp.44–45, Tietenberg (2000), pp.526–528 も，環境対策が経済成長に及ぼす効果について論じている．

逆にマイナス成長は，GDP の規模が小さくなる（減少する）ことを意味するが，以下では GDP が増加するか，しないかに着目することにしたい．GDP が増加していても，その増加率が低下すること（低成長）もあるが，成長率が高いか低いかは，さしあたり度外視することにしよう．

　環境対策が講じられると，多くの場合は生産費用を押し上げることになる．自動車の排気ガス規制が導入されて，新たに排ガス装置をつける必要が生じたとしよう．そうなると，自動車の生産費は排ガス装置を取り付ける分だけ増加する．それがどのような影響を及ぼすかは，第 1 に生産費の増加がどこまで価格に転嫁されるか，第 2 に影響を売上高でみるか，利益（付加価値）でみるかによって違ってくる．GDP に算入されるのは，後者の付加価値である．

　まず，生産費の増加分を販売価格に転嫁できないと仮定すると，その分だけ当該企業（ないし産業）の付加価値が縮小することは避けられない．しかし販売価格は変わらないので，売上高に変化はない．その一方で，増加した環境費用は排ガス装置の生産部門に新たな需要を生み出す．この追加的な需要は，自動車製造企業の付加価値の縮小分に対応し，排ガス装置企業の付加価値（利益）も増大させる．そして全体としては，以下でみるように GDP は変化しない．

　排ガス装置企業の売上増加は利益も増加させるが，この利益の増加分は，売上高の増加よりも生産費用の分だけ小さくなる．したがってこの限りでは，排ガス装置企業の付加価値増加分は，自動車企業の付加価値の減小額に比べて小さくなる．しかし，前者の生産費に当たる部分は，その原材料への需要を増加させ，原材料の生産企業には売上高と利益の増加をもたらし，そしてまた……．というように，この連鎖は無限に続いていく．結局，自動車製造企業の利益減少は，産業連関によってつながった，多数の企業の利益増加によって相殺されるのである．しかし厳格な環境基準の導入が排ガス装置の生産部門に新たな投資を誘発すれば，需要の連鎖を通じて，かえって GDP が増えることもある．

あるいは追加費用が環境税という形をとって，政府部門に吸収される場合を考えてみよう．財政収支に中立的という原則が保たれる限りは，他の税項目で同じ額の減税がおこなわれたり，あるいは最終的に，同額の政府支出を呼び起こしたりする．したがってこの場合でも，全体としてGDPに対して，プラスにしろマイナスにしろ影響を及ぼすことはないのである．しかし環境税の歳入を引当てに，非効率な税が整理されたり，撤廃されたりすると，かえって経済成長が実現する場合もある．このような「二重の配当」については，第6章であらためて取り上げることにしよう．

次に，環境対策費用が転嫁され，その結果，価格が上昇した場合にはどうなるだろうか．まず売上高がどのように変化するかを考えてみよう．図4-1では供給曲線が SS から $S'S'$ へ移動する場合を想定している．需要曲線 D_1D_1 のように需要の価格弾力性が大きいと，需要が a_1 から a_2 まで大きく減少する．供給曲線が移動する前の需要（＝供給）額は $0\,a_1c_1e_1$ の面積で表されるのに対し，移動後は $0\,a_2c_2e_2$ の面積になる．この場合は，$a_1c_1ga_2$ の面積と $e_1gc_2e_2$ の面積とを比べると分かるように，前者が後者よりも大きい．すなわち売上額は減少したのである．しかしたとえ価格が上昇しても，需要曲線 D_2D_2 のように，b_1 から b_2 までその品目に対する需要がさほど減少しなければ，売上額がかえって増大することもある．供給曲線が移動する前の需給が一致した時の額は，$0\,b_1d_1f_1$ の面積で表されるのに対し，移動後の額は $0\,b_2d_2f_2$ で表される．図では $b_1d_1hb_2$ の面積と $f_1f_2d_2h$ の面積を比べると分かるように，前者よりも後者の方がむしろ大きくなっている．

このように売上高は減ることも，増えることもあるが，自動車会社の利益（付加価値）はどのような影響を受けるだろうか．増加した費用がすべて販売価格に転嫁されると，1台当りの利益は変わらない．しかし販売価格が上昇したことで，自動車の売れ行きは多かれ少なかれ落ちることが予想される．そうなると付加価値の合計は減少せざるをえない．しかしどこまで売れ行きが落ちるかは，消費者がどのていど価格変化に敏感であるか（需要の価格弾力性）によって，決まってくる．たとえ価格が上昇しても，図4-1の下段のように，自動車の売れ行きがさほど減少しなければ，自動車会

図 4-1　環境対策と需要曲線

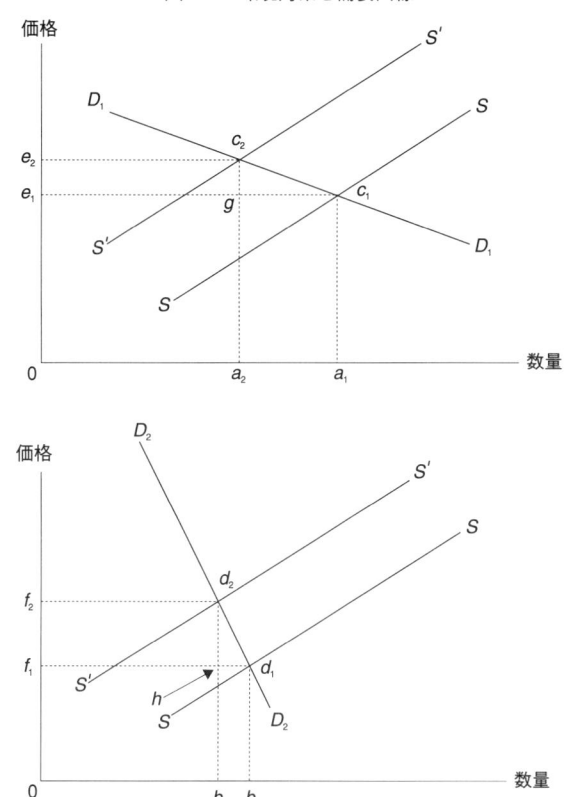

社の利益もそれほど低下しない．また自動車会社が生産費用の増加をすべて販売価格に転嫁しないと，売れ行きも付加価値合計も異なってくる．要するに，価格がどの程度まで押し上げられるか，またそれに応じて需要がどのていど減少するかによって，企業の利益減少の程度は変わってくるのである．

　とはいえ，経済全体への影響となると，もう1つの因果関係を忘れてはならない．自動車の排ガス装置には新たな需要が生れるので，その乗数効果が大きければ，GDP が伸びる可能性も大きくなる．この影響によって GDP

が増加すると，先ほど述べた自動車への需要にも跳ね返ってくるかもしれない．価格上昇によって需要が減る効果（価格効果）は，GDPの増加につれて販売が増える効果（所得効果）によって相殺されるかもしれないのである．このような因果関係まで含めて考えると，環境対策が経済全体の成長を抑制するかどうかは，需要動向やそれに関連した投資の波及効果しだいで，一概には何とも決め難いのである．

もっとも，環境対策の技術が新たに有害物質を生み出すこともあり，そうなると，また別の環境対策が必要になるが，その後の影響は，上に述べたことのくり返しになるだけで，大筋は同じ論理で考えればよい．

最後に念のためにことわっておくと，需要が次々に波及して経済が成長するという想定は，ケインズ理論の乗数効果と同じく，暗黙のうちに生産要素に余裕がある状態を前提している．逆に逼迫しているときには，潜在需要があっても生産増加にはつながらない．とはいえ，途上国では生産要素の不完全雇用が一般にみられるので，波及効果が実現する可能性は大きいといえるだろう．もう1つ，GDPの大小を問題にする議論とは外れるが，第1章でふれた環境会計の概念を援用すると，評価も異なってくることを付言しておこう．たとえGDPが増えない場合でも，環境が改善したことで「持続可能な国民所得」が増加することはありうる．

環境改善に必要な経済成長

環境対策を講じても経済成長を阻害するとは限らないことは，以上でほぼ明らかになったと思われるが，他方では，より積極的に，環境保全と経済成長は両立する，あるいは両立させるべきという理由もいくつかあげることができる．

第1に，環境対策を進めるうえで，たとえば社会資本の整備にはかなり大きな額の資金が必要になる．たしかに社会資本のなかには，道路建設のように環境保全に逆行する場合もあるが，公共輸送機関や下水道の整備が環境の改善に必須の条件になることは明らかであろう．交通渋滞や大気汚染の弊害が著しい東南アジアの大都市では，バンコクで高架鉄道が建設さ

れ，ジャカルタではまだ着工には至らないとはいえ，地下鉄の建設が長い間，検討されている．こうした社会資本の整備に必要な資金は，結局，経済成長によってまかなうしかない．発展途上国の資金不足は，当面は経済援助や外資導入によって解決できるが，中長期的には，それらを返済するために経済成長が必要になる．仮に，寛大な先進諸国が借款援助の条件を緩和したり，贈与に切りかえたりすると，途上国の元利払いの負担は軽減されるかもしれない．しかしその場合でも，先進諸国の国民は大幅な所得の低下までは受け入れないであろう．とすると，対途上国への寛大な援助を可能にするように，先進諸国内部の成長によってパイ（GDP）を大きくすることが必要になる．

　第2に，環境に配慮した設備（たとえば排気ガス規制に適合したもの）は，新規投資によって初めて可能になる．そして新規投資を可能にする条件は，やはり成長（の見通し）である．一般的には事後的な環境浄化よりも，事前的な対策の方が費用は小さくてすむといわれる．途上国が先進国から環境対策技術を移入するには，資金ばかりではなく，その動機付けが必要になり，その場合も鍵になるのは成長の見通しであるといってよいだろう．

　第3に，すでに第3章4節で取り上げたように，貧困と環境悪化の「悪循環」が存在するならば，経済成長による所得の増大が環境を改善させるうえで重要な意味を持ってくる．

　さらに，以上の理由とは次元の異なる議論になるが，仮に環境と経済成長が両立しないとしても，「ゼロ成長」は政治的には実現が難しいことも指摘しておく必要がある．経済成長は途上国においても政権の正当性を保証する，いわば錦の御旗である．たとえば，インドネシアのスハルト元大統領は，1965年の「9月30日事件」後の権力継承に不明朗さが付きまとったり，一族企業の暗躍のような「クローニー資本主義」に対して厳しい批判を浴びたりしていた．それにもかかわらず，30年以上も政権を維持できたのは，ひとえに成長の成果で国民の生活水準が向上したからであった．

以上のように，環境対策と経済成長との間には相互依存の関係があることは否定できないのである．もっともこうした議論は，これまで先進諸国で採られた経済発展路線を続けることを暗黙の内に前提にしているが，このような路線を続けていくと，いずれ第3章でふれた経済成長のトリレンマに直面してしまうという，もう1つの大問題が残されていることはたしかである．しかし経済成長は必ずしも物的生産や自然資源の大量消費と同義ではない．福祉，介護などの医療サービス業や環境対策ビジネスもGDPの構成要因となるので，こうした要因の比重が大きくなれば，経済成長の持続と環境保全の両立が可能になるかもしれないのである．それではこうした方向に，いつ，いかなる形で転換が可能なのかという点が次の大きな問題になるが，これには，まだ，満足な答えは出ていない．

4.2　環境クズネッツ曲線

　環境保全と経済成長とが必ずしも対立しないことは，環境クズネッツ曲線（EKC: Environmental Kuznets Curve）として広く知られるようになった現象からも示唆される．元来のクズネッツ曲線を表示した図2–1の縦軸を，経済格差から環境悪化（汚染）に置き換えるとEKCとなり，その後の説明は基本的に同じことである．このように環境汚染と所得水準の間にいわゆる逆U字型の曲線がみられることは，World Bank（1992）の紹介がきっかけになり，その後，環境経済学者の間で流行の研究テーマになって，現在にまで至っている[2]．

　とはいえWorld Bank（1992）は，EKCという用語を使っているわけではなく[3]，また環境汚染の種類によっては，右下がりの曲線（図4–2a）も右上

---

[2]　Stern, Common, and Barbier（1996），Ekins（1997）などが研究史を概観している．しかし，その後も *Environment and Development Economics*, Vol.2, 1997や，*Ecological Economics*, Vol.25–2, 1998など環境と開発を扱った学術誌が，EKCに関する特集を組んだように，論文が次々と現れている．

[3]　EKCという用語は，Selden and Song（1994）に起源があるといわれる．

図4-2 所得水準と環境

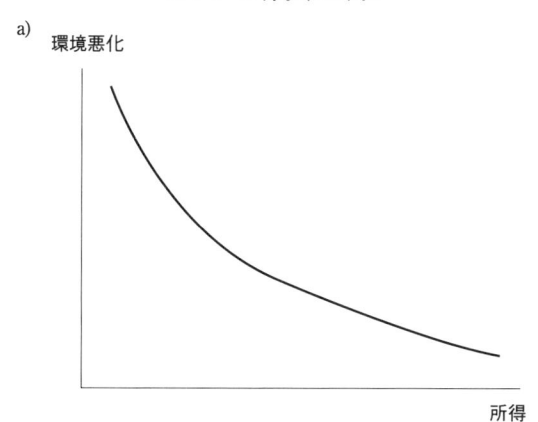

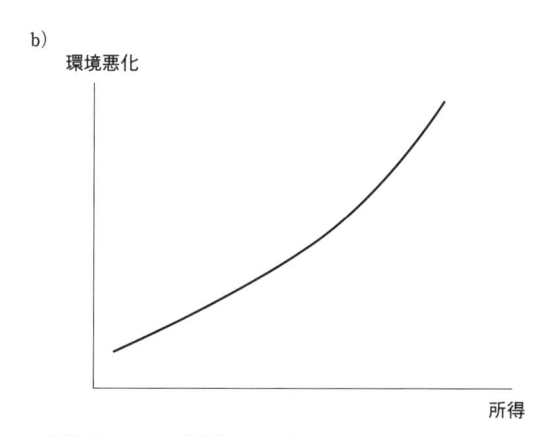

a)

（環境悪化と所得の右下がり曲線）

b)

（環境悪化と所得の右上がり曲線）

出所：World Bank（1992），Figure 4.

りの曲線（図4-2b）もありうることを指摘している．たとえば，良質な飲料水や衛生設備を享受できない人口数には，単純な右下がり曲線がみられる．すなわち飲料水の質や公衆衛生は，所得が上昇するにつれて改善するというのである．この点は，上下水道や衛生設備の拡充にはかなりの資金が必要になるので，理解しやすいだろう．これに対し，二酸化硫黄（SO_2）や粉塵・煤煙（浮遊性粒子状物質，SPM：suspended particulate matter）の排出には，逆U字型のクズネッツ曲線が妥当する（後出の図5-2を参照）と

されている．ところが都市の廃棄物やCO_2には，図4-2bのような単純な右上り曲線が現れる．

　大気汚染の改善にどのような背景があるかは，第5章であらためてふれるが，地球環境問題との関連では，最後の点が気になるところである．所得が増加するにつれて，CO_2の排出量も増加する，言葉をかえていうと，排出を減少させようとすれば，マイナス成長は避け難いことになるからである．もっとも，CO_2排出量を1人当り所得の2次式に回帰させると符号はマイナス，すなわち逆U字型の曲線が成立すると主張する説もあるが，その上方転換点にあたる所得水準はきわめて高く，現在どの国も達成できてはいない．つまり，実際のデータに照らし合わせると，右下がりの局面は見せかけの現象である可能性が高いということになる[4]．

　それではEKCが妥当するとすれば，どのような理由が考えられるかというと，第1に産業構造の転換がまずあげられる．経済が第1次産業から第2次産業に重点を移すにつれて，環境は劣化するが，やがてその後，第3次産業（サービス業や情報集約的産業）が比重を増すにつれて，環境への負荷が減少すると予想されるからである．

　たしかに工業は有害な化学物質や重金属の発生源である．しかしエネルギー消費を例にとると，第3次産業が必ずしも小さいとはいえない．また所得や生活水準が向上するにつれて，産業用のみならず，民生用のエネルギー消費も追加される．OECD諸国について調べた結果では，「サービス経済化」は全体としてのエネルギー消費を減少させない．それは，サービス業それ自体の成長や，事業用の照明や空調などの電力消費が原因であるとされている[5]．最近の日本で象徴的なのはコンビニ店の普及であることはすでにふれた．似たような事例として，インターネットの利用で，コンピューターがいつも稼動状態ということが多くなり，その電力消費も無視できない．

---

4) Suri and Chapman (1998), p.199. なお，東アジア諸国に関する分析結果は，第7章で取り上げる．
5) Krackeler *et al*. (1998).

あるいは第2に，ある特定の所得水準を超えると環境保全への社会的要求が大きくなるという解釈も可能である．すなわち環境の改善は，社会運動や，それに対する政策的対応の結果として実現するのが通例であり，産業の発展や市場の自己調整作用にのみ原因を帰するのは無理があるということになるだろう．環境改善への要求が必ずしも所得水準の上昇につれて大きくなるわけではないかもしれないが，少なくとも西ヨーロッパの諸国では，1人当り GDP と環境保護の意識に明確な相関関係があるといわれる[6]．

EKC に関する実証研究の代表として，しばしば引き合いに出されるのは，Grossman and Krueger（1995）である．この論文は単純に EKC が成立すると主張しているわけではないが，所得が向上するにつれて環境が改善することもありうる，としている．重要なことは，同じく環境問題といっても，その種類によって現れ方はさまざまで，問題によって取り組み方も違ってくることである．

実際，どのような場合に，どこまで EKC が妥当するかは，未解決の問題であり，従来の研究を整理した Ekins（1997）も，その一般的な妥当性には懐疑的である[7]．また EKC が成立するとしても，途上国が上方転換点に至るまでに排出される汚染物質の量（あるいは自然環境の破壊）が地球の持続可能性を阻害しないかどうかの検討があらためて必要になる．もう1つ注意すべきはデータの利用可能性であり，これまでは先進諸国のデータをクロスセクションで分析した研究が多かった．その結果を発展途上国の時系列的な変化にあてはめることには慎重でなければならない．途上国においては，概して環境汚染に関するデータが未整備なので，研究の対象を広げることは難しいが，それでも最近では，環境意識の高まりを反映して，データの公表が進み，またそれらを利用した研究が現れはじめている．データの整備と分析ばかりではなく，各国ごとの社会的，制度的な相違を踏

---

[6] Pearce et al. (1989)，訳書，p.46, Box 2-3.
[7] この他，Arrow et al. (1995), Dasgupta (1995a) も懐疑説の例である．また Stern, Common, and Barbier (1996) は，それまでの代表的な研究を概観したうえで，一般化には慎重な姿勢を保っている．

まえた原因の解明が望まれるところである．

　逆U字型のクズネッツ曲線は，もともと所得格差をめぐって提起されたものであったという由来に因んで，所得分配の是正が環境を改善するかどうかを考えてみると，どうなるだろうか．この設問への解答は，汚染度の曲線がどのような形をとるか，所得がどの水準の階層からどの階層へ再分配されるかに，依存するといってよいだろう．逆U字型の曲線を想定し，その極大点を大きく超える水準の上層から，極大点をわずかに下回る水準の下層へと所得を再分配すると，環境はむしろ悪化するだろう．もし右上りの曲線ならば，上層から下層への再分配は環境を改善するが，逆に右下がりの曲線ならば，悪化することになる．

　東アジアにおいては，所得の上昇と平準化を同時に実現してきたことに特徴がみられるが，他方で環境悪化が一方的に進行してきたとは限らない．この点について詳しくは第5章で取り上げるが，経済成長につれて環境への負荷が大きくなる側面と，成長にもかかわらず（あるいは成長したがゆえに）事態が改善してきた側面とが並存しているのである．

4.3　再び「持続可能性」

何を目標とするか

　自然資源の枯渇や地球温暖化の問題は，現時点の経済活動が将来世代に大きな負担を残すことを示している．このような世代間の利益対立を回避するところに，「持続可能な開発」という考え方の本来の目的があった．

　「持続可能性」にはさまざまな定義がある[8]．表4-1を使って説明すると，まず第1に，将来にわたって維持すべき水準は，所得（消費）というフローの量か資本ストックかという目標の違いがある．資本ストックを同じ水

---

8) Pearce *et al.* (1989)，訳書，p.36以下．以下の議論は，とりわけ Pearce and Warford (1993), ch.2-5 を参照．

表 4-1 持続可能性の定義

$\left\{\begin{array}{l}(1)\ \ 不変の所得（消費）\\ (2)\ \ 不変の資本ストック\end{array}\right.$

　　　　$\left\{\begin{array}{l}(2)\text{a}\ \ 広義\ \ 自然資本＋人工物資本の合計を不変\\ (2)\text{b}\ \ 狭義\ \ 自然資本，人工物資本の各々を不変\end{array}\right.$

準に維持しても，その収穫率が異なると，年々受けとる所得水準は変ってくる．たとえば森林面積や，ある海域の魚の個体数を一定に保ったとしても，天候や海温の変化によって，樹木や魚の再生能力が変化すれば収穫量も変わってくる．逆にいうと，年々の収穫量を変えないという目標を立てると，再生能力が向上したときにはストック量を減らしてもよいことになる．

　第 2 に，資本ストックの持続可能性を政策目標にしても，この目標は「広義」と「狭義」とに分けることもできる[9]．両者ともに，資本ストックの量を将来にわたって維持すべきという点に変わりはないが，「広義」の持続可能性は，「自然資本」と「人工物資本」の総量を不変にするという立場である．自然資源は経済活動とともに減少するので，「自然資本」の量を不変に保つことはできない．しかしその減少分は，「自然資本」を利用して作られた「人工物資本」の増加によって補償されるという考え方である．

　具体例として，鉄鉱石から鉄鋼製品をつくる場合を考えてみよう．自然資本としての鉱石は減っても，他方で人工物である鉄鋼製品が増える．両者を合わせた資本ストックの総量が変わらないかぎり，持続可能性は保証されていることになる．鉄鋼製品はクズ鉄として再処理すると，鉄鉱石の代用になる．しかしこのような再利用の可能性を離れても，人類は歴史始まって以来，何らかの形で自然資源を消費し，人工物に換えることで物質文明を築いてきたのである．物質文明を停止することは現実離れしているという考え方が，「広義」の「持続可能性」論の背後にあるといってよいだろう．さらに，経済が発展するにつれて，知識や技術が増えることにまで「持続可能性」の概念を拡張して，自然資源の減少をことさらに問題にすべ

---

9) Tietenberg (2000).

きではないという考え方もある[10].

　しかしこうした考えに対しては,「自然資本」の価値をどのように計測するか, あるいは「自然資本」は「人工物資本」によって代替できるかという疑問が残る. 自然資源には「不可逆性」という特有の性格があり,「人工物資本」によって容易に置き換えることはできない. あるいは自然や生物には, それ自身に固有の存在価値があるともいえるからである. したがって「狭義」の考え方は, 資本を「人工物」と「自然」に分けて計算し, それぞれにストック量が変わらないことを要求することになる. 森林面積や鉱物資源の埋蔵量といったストックの物的な量に着目すると, 自然資本の価値を何によって計るかという難問はさしあたり解消される.

　しかしその一方で, 自然資本のストック量を不変に保つことがはたして実行可能であるかという疑問がどうしても残ってしまう. 逆に「広義」の立場は,「自然資本」が多かれ少なかれ「人工物資本」に置き換えられることが前提にあり, その場合は, あらためてどこまで自然環境を保護すべきか, その判断の基準をどこに置くかを明確にすることが必要になるだろう.

　以上のように「持続可能性」をどのように定義するかによって, 政策の目標は異なってくるが, いずれの定義を採用するにしろ, その目標を最小限の費用で達成するという視点を無視するわけにはいかない. そうした視点から, 市場メカニズムを利用するという発想が出てくるが, その点は第6章であらためて取り上げることにしたい. こうした観点のほかに, 効率性と公正（公平）をいかに調和させるかという, もう1つの大きな課題も残されているが, 実はこの点になると市場メカニズムは無力である. それでは何を拠りどころにすべきかとなると, その答えは人びとの価値観によって異なってくる. これは容易に決着のつかない難問ではあるが, 基本的な考え方は, 第7章の終わりで一部取り上げることにしよう.

---

10) Lomborg (2001), p.119, Solow (1991).

世代間の公平

「持続可能性」の概念が，世代間の公平という問題意識に由来していることはすでにふれた．それでは世代間の対立をどのようにして解決すればよいのだろうか．この疑問は，別の言い方をすると，現在の世代が将来の世代に現れる負担（ないし利益）をいかに評価すべきかという問題に集約される．

1つの有力な考え方は，将来に実現さるべき利益の「割引現在価値」を計算して，現在の負担と比較考量することである．ある環境保護対策がとられるかどうかを例にとって考えてみよう．この対策によって t 年後に現れる利益を B_t，割引率を r とする．ここで利益というのは，t 期に必要な追加的な補修費用や，それでも回避できない環境被害などを除いたうえでの純利益とすると，

その現在の評価額は $\dfrac{B_t}{(1+r)^t}$ となる．この利益が将来にわたり継続してえられるとすると，利益の合計は $\sum_{t=1}^{\infty}\dfrac{B_t}{(1+r)^t}$ となる．そして現時点でこの環境保護対策に要する費用を C とすると，

$$\sum_{t=1}^{\infty}\frac{B_t}{(1+r)^t} - C > 0$$

であれば，この計画は実行される．割引率を適用するのは，資産価格の決定式などと同じ考え方である．

なぜ割引率が使われるかというと，第1の理由は不確実性をともなう将来よりも，確実な現在の方が選好されるからである．このような時間選好のほかに，第2に経済が成長し，所得水準が上昇すると，保全される自然資源や，将来になって現れる環境改善の効用が逓減することを理由にすることもある[11]．

---

11) 割引率をどのように定義し，理論付けるかに関しては，Pearce and Turner (1990), ch. 14 を参照．

割引率を使うことにどのような意味があるかを，実際の例から考えてみよう．たとえば，50年後に1億円の被害をもたらすと予想される企画案件を，5％の割引率で計算すると，現時点において被害の評価額は872万円になる．ここで割引率が登場する理由は，50年後の被害に備えて，現在いくらの費用を用意するのがよいかと考えると理解しやすい．現時点で872万円を5％複利で運用する金融商品を購入すると，50年後には1億円になっているので，被害の補償にみあった金額が必要なときに用意されていることになる．この例は，現在の消費を先延ばしして投資に回すと，将来に享受できる消費が増加するのと基本的には同じことである．

　一般的には先進諸国よりも途上国の方が割引率は高くなる．それは，所得水準や貯蓄性向が低いので，現在の消費を選好する度合が強いこと，あるいは資本不足を反映して利子率が高いことなどによる．ともあれ，途上国において割引率が高いので，環境保全への動機が弱くなる．これは現実を説明するうえで割引率が有力な考え方であることを示唆している．

　しかしこのように割引率を使って評価する手法も，解決策にはならないという批判がありうる．技術的には，割引率をどのように設定するかという問題も残される．上記の第1の考え方からは，社会的な時間選好率をえらぶことになるが，もし資本市場が効率的に機能していれば，この値は利子率に等しくなる．しかし実際に資本市場に現れる利子率（収益率）は種々の「ノイズ」を含んで変動するので，何が適切な利率であるかについて合意をえることは難しい．

　だがもっと根本的な問題は，現世代が将来の価値を評価することに，そもそも難点があるかもしれないことである．現在，計画中のある公共事業を評価するに当たって，将来予想される被害と現世代が享受する利益を比較考量して，その当否を判定するとしよう．割引現在価値は，その定義式から，必ず将来の世代が受けるはずの被害（場合によっては利益）を「割引」いて計算するので，その現時点における評価額は，将来に現れる価値よりも小さくなってしまう．ある意味では，将来世代に対する「差別」ともいえる．また割引率が大きければ大きいほど，その傾向が強められるこ

とになる．現世代が現在への選好を強くもてばもつほど，割引率は高くなる．そうなると，資源が過大に消費されたり，原子力発電所の建設のように，将来のリスクや処理費用の大きい事業が抵抗なく進められたりする．

とはいえ，逆の可能性もありうる．割引率が高いことは長期利子率が高いことを意味するので，他の条件が変わらないと仮定すると，投資活動を抑制する方向にはたらく．そうだとすると，自然資源の消費（消滅）もスピードが落ちるので，環境保全にはむしろ有利になる．要するに，割引率の水準が環境に対して，有利に働くか不利に働くかは，一概に決め難いのである．

将来価値を「割引」いた額に相当する金融資産を現時点で購入し，将来の支払いに備えるという上記の例に返ると，この疑問は解消されるだろうか．現世代が実際にそうした行動をとって，将来世代に補償するならば問題は生じないだろうか．こうした疑問の根底には，そもそも50年後の被害額が正確に予測できるかという大問題がある．一般的な不確実性をさしあたり別にすると，被害額を予測できるという考え方は，将来世代と現世代の間に価値観，選好の度合が一致することを前提にしている．しかし最近の歴史をふり返ってみても，1970年前後からそれまで暗黙の目標とされていた高度成長に対する疑念が生じたり，1980年代から新たに地球環境問題に対する関心が高まったりしたように，価値観の変化は予想以上に激しいのである．このように考えてみると，将来が確実に予測できるという前提が満たされることは稀であるというべきだろう．それでは，以上のような方法に難点があるとすると，他に何かもっと有効な解決策はあるだろうか．残念ながら完全な方策はないというのが現在の答えである．

第5章

発展途上国の環境問題

モーターバイクであふれるハノイの街路.
(2003年1月,筆者撮影)

発展途上国の経済は，一般に先進諸国よりも自然資源への依存が大きいので，自然環境の破壊が進みやすい．また同時に自然環境が破壊されると，住民生活の受ける打撃がより深刻である．途上国で起こっている環境悪化の要因はさまざまであるが，大別すると2つの種類に分類される．その1つは，先進諸国の経済発展パターンを短期間で経過すること，いわゆる「圧縮された経済発展」から生じる．もう1つは，近代的な経済発展に移行（「離陸」）する以前の状態から派生するもので，すでに取り上げた貧困―人口―環境の悪循環がその一例である．経済開発を志向する途上国では多くの場合，一方で近代化した成長部門と，他方での伝統的な部門とが混在している．各国の経済のなかでどちらの部門がより大きいかによって，環境問題の現れ方も異なってくるが，経済発展が軌道に乗るまでの「離陸」以前に生じる問題はすでに取り上げた（第3章4節）ので，以下では「圧縮された経済発展」に関連した要因を，東アジア諸国を例にして取り上げることにしよう．

　高度成長期の日本は，「成長の歪み」といわれた公害問題に苦しんだことはよく知られているが，1970年代初頭から環境改善にそれなりに成功してきた．東アジアの諸国は，日本とも類似した開発政策をとり，「奇跡」といわれるような経済的成功をとげたが，その一方で自然環境の悪化も顕著であるといわれている．「アジアほど公害の劣悪な都市を多く抱えた地域は他にないし，河川や湖は世界でもっとも汚染されている．一言でいえば，アジアの環境は今まさに崩壊寸前の瀬戸際に立たされている．急速な経済発展が富をもたらした一方で，アジアはますます汚染され，多様な生態系は失われ，環境はより脆弱になってきている」[1]．ここでは「アジア」と表現されているが，「急速な経済発展」という言葉から主として「東アジア」を念頭に置いていることは明らかである．

　しかしこの地域の環境問題を調査したOECD開発センターのO'Connor（1999）は，工業化の後発国は，先進諸国によって開発された技術や経験を

1）　ADB（1997），訳書，p.211，訳文は一部変更した．

生かすことができるので，むしろ環境保全に成功しやすいと述べている[2]．はたしてこのような主張が実際に裏付けられるのか，という点をあわせて検討することにしよう．

5.1 「圧縮された経済発展」

工業化

工業化は，有害化学物質や重金属を含んだ産業廃棄物を発生させたり，エネルギーの多消費から，大気汚染物質や温暖化ガスの発生を増加させたりする．従来，発展途上国は工業化に成功することが難しいとみられていたが，1970年代半ばから新興工業国と呼ばれた中所得国を中心に，製造業の生産を増加させ，全世界に対する比重を伸ばしてきた[3]．かつて第1次産業が中心であった東アジアの諸国が，過去数10年の間に目覚しい発展をとげたのは，いうまでもなく工業化のおかげであった．また中国は近年，「世界の工場」と呼ばれるほどに，労働集約型の軽工業から，鉄鋼業などの装置産業，電子機器の組立に至るまで世界第1位の生産高を誇る部門が少なくない．そこで東アジア諸国の工業化の実態を簡単にふり返ってみよう．

図5-1から製造業の対GDP比と輸出シェアを参照すると，東アジアの諸国で工業化が急速に進んだことが読み取れる．その一方で，かつて公害問題が激化した1970年の日本と比べてみると，1995年の対GDP構成比が当時に近いのはマレーシア（33％）であるが，これに続くタイ（28％），インドネシア（24％），そしてフィリピン（23％）にしても，いずれもかなり低く，むしろ「脱工業化」が進行してきた日本の1980年代，ないし1990年代に近い．皮肉なことに，1970年前後にASEAN4国のなかで最も製造業の

---

[2] Grossman (1995) もこの説に近いが，他方で野上・寺尾 (1998) をはじめ，「後発性の利益」を主張することに慎重な意見も根強くある．
[3] 石見 (1999), pp.225-227. 各国の工業化と環境対策については，小島・藤崎編 (1994) も参照．

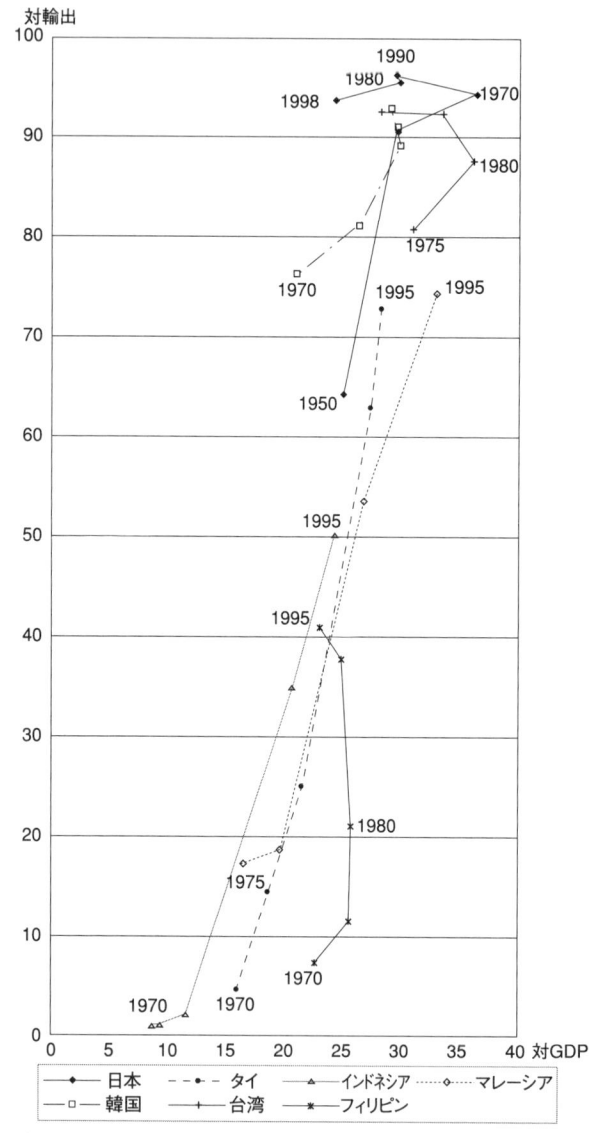

図 5-1 製造業の対 GDP，対輸出シェア

凡例：
- ◆ 日本
- ● タイ
- ▲ インドネシア
- ◇ マレーシア
- □ 韓国
- ＋ 台湾
- ✳ フィリピン

資料：産業構造：ADB, *Key Indicators of Developing Asian and Pacific Countries*.
　　　輸出構成比：UNCTAD, *Handbook of International Trade and Development Statistics*, 各年号.

構成比が大きかったフィリピンは，1995年において他の3国に立ち遅れている．それは，この国の経済がこの間に低迷を脱しきれなかったことに対応している．

　残念ながら，中国に関しては製造業の時系列データが入手できないので，厳密な比較はできないが，第2次産業のGDPに対するシェアを指標にとると，1981年の42%から，1990年には37%，1997年には再び42%という推移を示している[4]．このように81年と97年が同じ水準であるのは，急速に工業化した中国のイメージにはそぐわないが，統計の信頼性を別にすると，おそらく第2次産業の内実に関わってくるであろう．この点は後にあらためてふれることにしよう．

　次に，輸出に占める工業製品の比重をみると，その増加ぶりはGDPの構成比よりもはるかに顕著であり，工業化は輸出に主導されてきたことが示唆されている．1970年にインドネシアでは工業製品が輸出額の1%強，マレーシアでは7%，フィリピンは8%，タイは5%にすぎず，残りは農産物や燃料・鉱物によって占められていた．ところが，1995年になると，インドネシアで工業製品が53%，マレーシアが75%，フィリピン42%，タイが73%にも達していたのである．ただし，東南アジア諸国の輸出のなかで工業製品の占める比重そのものは，工業化が先行した日本，韓国，台湾に比べてまだかなり小さいことも事実である．

　したがって，急激な工業化は製造業や工業の一国経済に占める比重そのものよりも，その増加速度に顕著に現れているとみるべきだろう．逆にいうと，製造業や工業の一国内における規模がまだ1970年代の日本に比べて小さいことは，今後，工業化がいっそう進めば，環境汚染がさらに大きくなるという可能性を残している．とはいえ，必ずしも環境汚染が進行するとは限らないことは，本章第3節であらためて検討することにしよう．

---

4) ADB, *Key Indicators of Developing Asian and Pacific Countries 1999*. 中国の長期的な統計に関しては，中島（2002），加藤・陳（2002）を参照したが，いずれも製造業だけを取り出した数値はなく，製造業のほかに鉱業，公益事業をあわせた工業の生産額（付加価値額）しかない．また1979年まで統計は公表されず，工業の分類にしても，1980年代から少しずつ変更されているようである．

一次産品の輸出

　途上国において近年の開発政策を特徴づける財・サービス貿易の拡大も，自然環境を破壊する要因になっている．東アジアの経済発展を支えた輸出主導型の工業化もその1つであるが，輸出と環境破壊との関連はそればかりではなく，商品作物の栽培やリゾート建設のために，森林が伐採され，多様な生物種類が減少していることも重大な問題である．おそらく最も有名なのは南米アマゾンの開発であるが，東南アジアでは，ボルネオ（カリマンタン）島からの輸出用木材の伐採や油ヤシの栽培が熱帯雨林を破壊し，森林火災の原因にもなっている[5]．

世界の森林面積は減少しているか

　地球温暖化や生物多様性との関連で，熱帯雨林など世界の森林が減少していることに注目が集められている．しかし残念ながら，森林面積に関するデータには不確実な点が多い．その最大の理由は，「森林」の定義と調査の精度が国ごとに違うことによる．定義が違うというのは，樹木がどの程度まで密集していれば，「森林」と認定するかによる．乾燥地域では樹木の重要性が高いので，わずかの密集状態であっても森林と認定されやすく，逆に湿潤な地域では線引きが厳しくなる．調査の精度は，一般に森林への関心が高く，調査費用を支出できる先進諸国の方が高くなる．

　森林面積の変化を世界各地域別に表示した表5-1によると，1950年から1990年にいたる40年間に全世界で森林面積は2,000万ヘクタール増加したことになる．もっとも，この原資料である FAO, *Production Yearbook* のデータは信頼性が低いといわれているので，FAO があらためておこなった *Global Forest Resource Assessment* のデータを右側に追加した．これによると，1990年から2000年にいたる10年間に，世界の森林面積は9,400万ヘクタールの

---

5) 石 (1998), pp. 22-26.

減少であり，なかでもアフリカの 5,300 万ヘクタール，南米の 3,700 万ヘクタールの減少が目立っている．FAO は別の資料で，熱帯雨林の年間消失率は 1980 年代に 0.8％，1990 年代に 0.7％と推定していたが，より詳しい衛星画像による調査によって，2001 年の推定では 0.46％と下方修正した[6]．

表 5-1　世界の森林面積　　（単位：100 万ヘクタール）

地域／年次	1950	1960	1970	1980	1990	1990	2000	1990–2000
ヨーロッパ*	128.0	138.0	146.3	155.7	157.2	180.5	187.9	7.4
ソ連(ロシア)	920.0	880.3	n.a.	n.a.	n.a.	850.0	851.4	1.4
北・中アメリカ	764.0	824.0	733.9	709.7	716.0	555.0	549.3	−5.7
南アメリカ	748.0	908.0	934.9	873.9	829.4	922.7	885.6	−37.1
アジア	470.0	439.0	585.8	558.9	535.6	551.4	547.8	3.6
アフリカ	901.0	727.0	648.0	712.0	685.2	702.5	650.0	−52.6
オセアニア	76.0	53.0	84.9	157.1	157.3	201.3	197.6	−3.7
世界	4007.0	4046.0	4053.8	4100.3	4027.6	3963.4	3869.5	−93.9

資料：FAO, *Production Yearbook*, 各年号，右側の 1990 年と 2000 年は，*Global Forest Resource Assessment 2000* による．
註：*ロシアを除く．

　木材貿易については，かつては丸太の取引が多かったが，近年では途上国の資源ナショナリズムによって，合板などに加工した品目の輸出が増えている．熱帯木材の主要な輸出国はマレーシア，インドネシア，フィリピン，コートジボアールなど，輸入国は日本，EU 諸国などであったが，最近では中国の輸入が著増している．南の諸国から木材や加工品の輸出が増えるのは，要するに価格差が大きいからであるが，熱帯雨林のなかに道路が敷設されることで，輸出用の伐採が増えるといわれる．森林保護の観点に立つと，輸入国は輸出国の森林資源に対し十分な価格を払っているか，という点が問題になる[7]．あるいは追加的な補償を経済援助の増額でおこなうべきかという議論もあるが，援助と自然保護を結びつける考え方は，すでに第 2 章の末尾で紹介した．自然資源の適切な価格付けがはたして可能かどうか，また可能だとすれば，どのような方法があるかといった点は，第

---

6) Lomborg (2001), p.113. FAO 統計の信頼性については，永田ほか (1994), p.44 以下も参照．
7) Pearce *et al.* (1989), 訳書，pp.52–54, 日本環境会議 (1997), pp.292–293.

6章であらためて論じることにしよう．

　何が森林を消滅させる原因かに関しては，第3章ですでにふれたように，人口増加それ自体というよりも，貧困と人口増加との結合によるという説が有力である[8]．Cropper and Griffiths（1994）は，森林減少と所得水準との関係が強いことを指摘し，EKCが妥当するとの立場をとっているが，他方でKoop and Tole（1999）は，より詳しい計量分析からEKC仮説には否定的な結論を導いている[9]．しかし単純に所得水準を独立変数にした回帰分析で事足れりとするのではなく，森林を減少させる原因をより具体的に特定することが必要になる．焼畑農業が森林減少の主因だとすると，近代的な農業に移行し，所得水準が上昇すると，森林は保存されるはずであるが，焼畑を森林破壊の元凶だとする見方には疑問が出されている．あるいは，途上国のなかでも最貧地域では薪採取が森林破壊の原因とされるが，これは商業エネルギーの導入と，それを購入できるまで所得水準を引き上げることによって解決できる．しかし木材やヤシ油などの輸出増加が原因だとすると，森林面積の減少は経済開発政策の直接的な帰結ということになる．またインドネシアの森林火災やアマゾンの熱帯雨林破壊は輸出用農産物に生産基地を作ることが原因であったともいわれる．そこには，補助金など政府の介入が事態を悪化させるという，政策上の「失敗」も絡んでいた．

　水産資源については，国際条約による規制が進められてきたが，タイ，インドネシアなどでは日本向けの輸出用にエビを養殖するため，マングローブなど自然の植生が破壊されている[10]．このように，先進国の大量消費が途上国の自然環境を破壊している例は数多くみられる．こうした問題の理論的な掘り下げは，次節でおこなうことにしよう．

---

8)　ADB（1997），訳書，p.225.
9)　あるいは，森林面積の減少を所得以外に木材価格，対外債務の規模，為替相場などに回帰させた結果によると，所得と森林面積の減少との間には，正の関係があるとしているが，時代が下るにつれて相関関係は希薄になってきている．
10)　村井（1988）．

> ## エコツーリズム
>
> 　自然資源や生物多様性を乱獲・破壊する代わりに保存すると，観光客をひきつける「資本」になる．アフリカ諸国が国際世論の声に押されて，象牙輸出を制限し象の保護政策に転じると，輸出収入は低下しても，旅行者からの受取りが増える．1980年代にコスタリカ，エクアドル，フィリピン，タイなどでは，旅行業が産業規模として上から5位以内に入り，その外貨収入は木材や関連商品の輸出額よりも大きかったといわれる[11]．このようなエコツーリズムによる収入は熱帯雨林の存在価値を計るときにも重要になる．ケニア国立公園にあるナクル湖には140万羽のフラミンゴ，その他360種以上の鳥が生息していたが，農業による水質汚染でフラミンゴの数が減少した．旅行費用法（第6章で後述）などによって，この自然資本の（年間）利用価値を計ると，1991年に1,370万から1,510万USドルにも相当した．この内でケニア住民から期待される価値は360〜450万ドルにすぎず，残りの大部分は外国の旅行者によるものであった[12]．

都市化

　途上国で顕著な都市化は，環境を悪化させるもう1つの大きな要因である．自動車の増加や交通渋滞は大気を汚染し，ゴミの投棄や生活排水は水質汚濁の原因となっている．

　1950年に世界最大の都市はニューヨーク（1,230万人）であり，そのあとにロンドン，東京，パリと続いた．途上国で10位以内に入る都市は，第5位上海（530万人），第6位ブエノスアイレス（500万人），第9位のカルカッタ（440万人）のみであった．ところが2000年には，第1位がメキシコシティー（2,560万人）で，第2位サンパウロ（2,210万人），それから第4位上海（1,700万人），第6位カルカッタ（1,570万人），第7位ボンベ

---

11) Pearce and Warford (1993), pp. 288–289, p. 123.
12) Tietenberg (2000), p. 45.

イ（1,540万人），第8位北京（1,400万人），第10位ジャカルタ（1,370万人）と，10位以内に途上国の大都市が7つも入っていた．先進諸国でこの中に入るのは，東京，ニューヨーク，ロスアンジェルスの3都市だけであった[13]．この50年間に途上国において都市への人口集中がいかに顕著であったかがうかがわれる．最大の人口を擁する中国では戸籍制度が厳格で，人口移動は制限されてきたので，以上のデータはまだ控えめな実態しか表してはいない．しかし最近は移動を自由化すべきとの主張が強まっている[14]．

　都市への人口流入は，基本的には農村との間に存在する経済格差が原因であり，都市を核とした経済発展にともなう現象であることは間違いない[15]．しかしそれは都市環境を悪化させる要因にもなる．農村から都市に移動しても高い所得にありつけるとはかぎらず，むしろ不安定な就業にとどまることが多い．そしてほとんどの場合，居住はスラムに集中して，住民は劣悪な環境・衛生状態を余儀なくされる．なぜ途上国における都市化が問題になるかというと，一方では都市と農村との間に経済格差が広がっていることの反映であり，他方では都市に十分な社会資本が備わっていないので，居住環境が悪化するからである．

　1990年代初頭以降の30年間について都市人口の増加率を予測すると，中南米で年間1.6％，サハラ以南のアフリカで4.6％，アジアでは3％になるとみられている[16]．この限りでは，アジアの都市化はアフリカほどに急激ではない．しかし所得水準が相対的に高いので，自動車の普及などで環境に与える負荷はより大きいとみるべきだろう．1人当り所得が3,000ドルを超えると，自動車需要が爆発的に伸びるといわれる．1980年代の前半において世界で最も粉塵・煤煙の多い15の都市をとりだすと，その内で9が東アジアの都市であった．こうした都市で粉塵の最大の発生源は交通とされる

---

13) 若林（1994），pp.12–14，あるいは『世界人口白書』1996年版．
14) 中兼（1999），pp.88–91．
15) 詳しい説明は，Ray（1998），p.353以下，Todaro and Smith（2002），ch.8などを参照せよ．
16) World Bank（1992），訳書，p.27．

が，それは端的にいうと自動車の普及が原因であった．あるいは「アジアの大都市」において，環境汚染による被害は現地で生産される付加価値の5〜10% にも相当すると推定された．大気汚染から生じる年間費用は，バンコクで31億ドル，クアラルンプール16億ドル，ジャカルタでは8億ドルであり，これに交通渋滞などから派生する費用を加えると，さらに40% ほど増える，ともいわれる[17]．こうした被害額の推定方法については，第6章であらためて取り上げるが，ともあれ自動車の増加や大気汚染による被害が，経済発展に成功したアジアの大都市に顕著に現れていることは間違いない．しかし高度成長期の日本と比較すると，それでも改善している面があることは後にあらためてふれる．

都市化にともなう問題は，自動車以外にゴミの増加，水質汚濁なども深刻になっている．都市化に関連したさまざまな環境問題は，所得水準との関連でいくつかの種類に分類することができる．大気汚染や水質汚濁の対策技術は，多かれ少なかれ先進諸国ですでに開発されている．それを導入できるか否かは資金しだいであり，したがって最終的には所得水準に依存する．自動車の増加にともなう騒音や交通渋滞にしても，公共交通への振り替えや道路の改修などで改善される余地があり，それに必要な資金を調達することが課題になる．その一方で，World Bank (1992) の指摘によれば，ゴミの量や CO_2 の排出は所得水準の上昇と並行して増加するので，こうした問題の解決には生活のあり方から見直す必要があるかもしれない．

5.2 自由貿易と環境

「貿易と環境」という主題をめぐって，近年ではますます多くの研究が出ている[18]．それは，1999年末にシアトルで開催されたWTO（世界貿易機関）

---

[17] 石見 (2000) による．東アジアの環境問題に関しては，O'Connor (1994)，ADB (1997) 第4章などが包括的である．やや異なった立場から，日本環境会議 (1997)，(2000) もある．

[18] また *Ecological Economics* 9, 1994, *Environment and Development Economics* 5, 2000 も「貿易と環境」のテーマを特集している．

総会がNGO団体の抗議行動で混乱して以来，WTOやサミットが開催されるたびに抗議活動が常態化したように，自由貿易や経済活動の「全地球化」が環境を破壊しているとの批判がたえないことの反映である．これまでの研究で取り上げられた論点は，1）貿易が環境に及ぼす直接的，間接的な影響，ここには貿易が経済成長を介して環境に及ぼす影響も含まれる．2）環境規制と貿易との相互関係，ここには競争力や産業立地などの論点が含まれる．3）政府や国際機関の役割などにまとめることができる．以下では，こうした論点を取り上げることにしたいが，まずその前に，自由貿易，あるいはより一般的に経済取引の自由化は，どのような理由で環境破壊につながるのだろうか，あるいは自由化はマイナスの影響しかないのだろうか，こうした疑問を検討することから議論を始めよう．

自由化の功罪

結論を先取りして述べると，自由貿易は環境保全にとって有利な点と不利な点があり，環境破壊だけが一方的に進むわけではない．結局プラスとマイナスどちらの影響が大きいかは，場合によって異なり一概にはいえないが，政府が環境保全に真剣に取り組んでいるかどうかで結果が大きく左右されることは間違いない．それでは自由化が環境破壊につながるとすればなぜか，まずはその点からみることにしよう．

自由化の罪

自由貿易の利益を一般的に論じるとすると，比較優位の原理からはじめねばならない．その要点は，すでに第2章3節でふれたように，各々の国が比較優位をもつ財の生産に特化し，その生産物をたがいに交換（貿易）することによって，限られた資源からえられる利益（効用）が増加することである．しかもこの利益は貿易に参加する者すべてに及ぶので，貿易の自由化は相互に好ましい政策になる．また保護貿易は，企業の独占化や一部の関係者の間で「利権あさり」(rent-seeking) を助長するといった弊害があり，逆に自由貿易はそうした弊害を免れるという利点もある．

しかしこのような利点をもつ自由貿易が，環境保全と必ずしも両立しないのはなぜだろうか．まず重要な点は，環境保全に限らず，自由貿易がすべての参加国に最善の結果をもたらすとは限らないことである．というと，比較優位の原理と矛盾するように思われてしまうが，教科書的な意味で自由貿易の利益が妥当するのは，ある特定の条件を前提にしている点を忘れてはならない．すなわち「規模の経済」とか独占，あるいは「外部性」(外部経済，不経済) などが存在しない「完全競争」を前提し，また資源賦存量や（相対的）生産性などの前提条件が変化しない「短期間」を想定していることである[19]．現実の世界では，こうした条件が満たされることはきわめて稀なので，無前提に自由貿易を賞揚することには一定の歯止めが必要なのである．「規模の経済」や独占が存在すると，戦略的貿易政策が重要な意味をもってくることはよく知られているが，環境問題を考えるうえでは，「外部不経済」の存在が決定的に重要になってくる[20]．すなわち，自由貿易が環境破壊につながりやすいのは，「外部不経済」を価格に「内部化」することがきわめて難しいからである．

　「外部不経済」を生み出してしまう「市場の失敗」は，自由貿易の下では露骨な形で現れるといってよいだろう．貿易や対内投資の自由化は，途上国の自然環境への負担を大きくする傾向がある．というのは，自由貿易は各国に比較優位の構造に応じた特定の産業への特化を促す．したがって，自然資源の賦存量に比較優位を持つ途上国では，資源の多消費は貿易増加にともなう必然的な結果なのである．この点をより一般的な問題に言いかえると，資源の消費量が自然の再生可能な限界を超えると，自然環境の破壊は避けられない．しかしその限界を表示するのに価格メカニズムが有効

---

19) 詳しくは，Ekins *et al*. (1994)．より一般的に比較優位説の限界については，Todaro and Smith (2002), ch.12. また自家消費用の農業が商品作物の生産に移行すると，統計上は経済が成長したかのような外観が現れるように，貿易による利益は，途上国において過大評価される傾向があるともいわれる．

20) そのほかに，先進諸国の農業保護政策が価格と資源配分を歪曲していることも重要な点であるが，これも独占の一例に含めることができる．エビの養殖が水や土質を汚染し，地域的に移動していくことは，末廣 (2000)，pp.142-143 が指摘している．

に働かないことが深刻な問題なのである．

たしかに石油危機に際してみられたように，資源価格の高騰が消費国において節約を促すことはある．それは，産油国のカルテルが例外的に効果を発揮したからである．1980年代に「石油過剰」の様相が現れたことは，産油国の中期的な収益性からみると，効果を発揮しすぎたということもできる．しかし他の天然資源では，価格メカニズムが消費を抑える方向に効果的には働かない．それは，外部不経済から生じる費用が価格に十分に反映されないからである．自然環境には，直接の利用価値のみならず，生物多様性や景観，さらには森林には光合成作用といった貴重な間接的価値がある．しかしこうした間接的価値を数量化したり，価格に反映させたりすることには，もともと無理があるので，「市場の失敗」が避けられないのである．このように数量化し難い価値をどのようにすれば測定できるか，あるいは結局できないかという点は，以下の第6章であらためて取り上げることにしよう．

自然資源の乱開発

自然資源は再生可能な範囲内で収穫（採取）すれば保全に問題は生じないはずである．この点を漁業を例にとって考えてみよう．

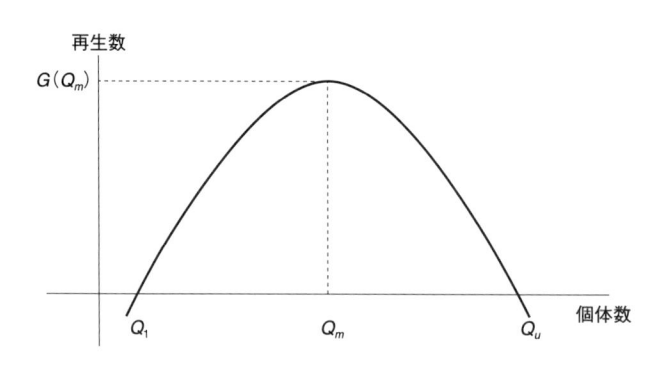

再生数

$G(Q_m)$

Q_1　　Q_m　　Q_u　個体数

魚の年間再生数と個体数との関係は，図のように逆U字型になると想定する．個体数（Q）が増えすぎると一種の混雑状況が現れて，再生可能数（$G(Q)$）も減少するとみなすのである．年々の漁獲量が再生数と等しくなれば，個体数は変化しない．漁獲量が再生数を上回れば，個体数は減少し，横軸上を左に移動することになる．Q_1 を超えてしまうと，もはや個体数は年々減少する一方で，やがて消滅してしまう．逆に漁獲量が再生数を下回れば，個体数は増えていくが，Q_m を超えると年々の再生数はしだいに減少する局面に入る．個体数が増えすぎても年々採取できる量は減少するので，個体数が変化しないという条件の下で，最大の漁獲量が実現できるのは，Q_m の点である[21]．

　しかし採算性を考慮すると，最適点はどうなるだろうか．

　漁業の利潤を次の式で定義することにしよう．

$$\pi = pG(Q) - C$$

　ここで π：利潤，p：魚の価格，$G(Q)$：再生数，したがって漁獲量，C：費用

　π を最大化する条件は

$$\frac{d\pi}{dQ} = p \cdot \frac{dG(Q)}{dQ} - \frac{dC}{dQ} = 0$$

ここで C が漁獲量に比例すると仮定すると，

$$C = kG(Q)$$

$$p \cdot \frac{dG(Q)}{dQ} - k\frac{dG(Q)}{dQ} = 0$$

$$\frac{dG(Q)}{dQ}(p - k) = 0$$

$p > k$ なので $\frac{dG(Q)}{dQ} = 0$，したがって Q_m がやはり最適点になる．

しかし C がどのように決まるかという仮定を変えると，最適点の位置も変わってくるので，常に Q_m に一致するわけはない．

　以上の例は漁獲量を再生可能数に一致させることを前提しているが，個々の漁民が自己利益の最大化だけを求め，資源ストックの減少にともなう社会的費用を無視することもある．そうなると漁獲量が再生数を上回ること

---

21) ここでの議論は，Tietenberg (2000), ch. 13 を参考にした．

> になり，やがて資源は枯渇してしまう．それを防ぐには，教科書的な答え
> は，所有権を設定するか，社会的費用に応じた漁獲税を課すことである．
> 前者の所有権の設定に関しては，後述（第6章1節）している．後者の税を
> 徴収する方法も第6章で説明しているが，適切に社会的費用を測ることが
> きわめて難しいので，問題は残る．

保護主義の弊害

しかし同時に注目すべきは，保護主義が必ずしも自然環境の保全にはつながらないことである．まず問題になるのは，先進諸国側の保護主義である．途上国は天然資源ばかりではなく，労働力の賦存量にも比較優位を持つ．1974年に導入された多国間繊維協定（MFA：Multi-Fiber Arrangement）のように，先進諸国が労働集約的な製品の輸入を制限すると，途上国から当該品目の輸出は伸びない．このような貿易制限による輸出の削減は，1990年代初頭で途上国全体としてGNPの3%以上にも達したという推定すらある[22]．労働集約的な品目が制限されると，途上国は天然資源の直接消費に依存した品目の輸出にますます傾斜するしかない．その結果，先進諸国の保護主義が途上国における自然環境を劣化させることになる[23]．

しかし同時に忘れてならないのは，途上国側の保護貿易が必ずしも環境を改善するわけではないことである．第1に，途上国が先進諸国を相手にした財・サービスの取引を制限すると，環境保全技術を導入することも円滑には進まない．また第2に，東欧の旧社会主義国や開放政策に移る以前の中国でみられたように，閉鎖的な経済システムが環境悪化を持続させる一因でもあった．エネルギーやその他の資源効率を無視した国営企業は，外国と自由に貿易していれば，とても存続できなかったからである．もっとも，こうした諸国では政治的民主主義が抑圧されていたので，たとえ公害防止の世論が生れたとしても，政策当局にうまく伝達されなかったという因果関係も働いていただろう．この第3の要因も，広い意味での自由化

---

22) Todaro and Smith (2002), p.561.
23) Repetto (1995), p.192.

が未熟であったことに原因がある.

以上の点に関連して,「開発独裁」の下で「クローニー資本主義」が形成されると,環境破壊をひき起こすという議論がある.たとえば,インドネシアでは,スハルト大統領の取り巻きに森林伐採権が与えられ,熱帯雨林の破壊が進行したことが指摘される.もう1つ別の例では,ジャカルタの地下鉄建設が進まないのは,大統領の親族企業の扱いが障害になっていたといわれる.このような露骨な利権付与ばかりではなく,「独裁」体制が経済開発を加速し,自然環境の破壊が進行するという側面があることも否定できない.しかし,自然資源に恵まれた途上国において,資源多消費型の開発路線が現れやすいことは,政治権力の性格とはさしあたり別の問題であると考えるべきであろう.

貿易自由化が途上国において自然資源の多消費を助長することはいわば必然的であるが,それが過度の環境破壊につながるか否かは,途上国政府がいかなる経済開発戦略を立てるかに依存するといってよいだろう.木材や農産物の輸出に補助金が付加されると,自然環境はいっそう破壊されるので,この場合には,政策的な価格の歪みを是正することが自然環境を守ることになる.しかし他方では,途上国政府は工業に対して農業の発展を抑制するような価格政策をとってきたともいわれる.こうした工業化優先政策への対抗策として,大農場主は耕地をさらにいっそう拡大し,貧農は無理な耕作に頼り,両者ともに環境破壊を招くという結果をもたらした[24].いずれにしても,途上国において,環境保全に必要な制度を充実させることが重要であり,根本的には開発政策のあり方が問われているのである.

環境規制と貿易

規制の格差

環境に関する税制(たとえば炭素税)や規制が国ごとに異なると,財(あるいはサービスも含む)の価格競争力に影響してくる.アメリカでNAFTA

---

24) Pearce and Warford (1993), p.297.

（北米自由貿易協定）の締結をめぐって議論されていたときには，メキシコが低い環境費用を利用して輸出増加を図ること，いわゆる「環境ダンピング」に訴えることに対して強い懸念が表明されていた．ちなみにEKCの先駆的な研究となったGrossman and Krueger（1993）は，NAFTA締結によって予想される「環境ダンピング」の可能性を検討することが元来の動機であった．また他方では，日本企業が東南アジアに生産拠点を移したり，有害産業廃棄物を送りこんだりして，「公害輸出」という批判を浴びたことも記憶に新しい．こうした事例は，環境規制の格差からどのような結果が生じるかについて，再考を促す材料である．

　ある国が環境汚染に対する規制を強化し，他方でその生産に汚染をともなう品目を輸入するようになると，国内の汚染が減少する分だけ厚生（welfare）は大きくなる．その裏側で，規制の弱い国では環境汚染が進むことは間違いないが，輸出が新たに増加するという利点もある．後者の国は環境を犠牲にして所得を増加させたことになる．それでは環境規制の差が貿易や直接投資の流れにどのていど影響するのだろうか．

　まず何よりも重要な点は，環境規制から生じる追加的費用はさほど大きくはないことである．ある推定によると，一般に環境規制が強いOECD諸国においてすら，この種の費用は企業の総売上額に対して2％を超えないといわれる[25]．この程度の費用を生産や流通過程の合理化で相殺することはそれほど難しくないので，価格競争力に大きな影響はないだろう．そのうえに現在のように為替相場が大幅に変動する時代では，為替相場の方が貿易や直接投資の流れにはるかに大きな影響を及ぼす．日本の直接投資が東南アジア地域に急増した1980年代には，円高（為替相場）が労賃水準の差と並んで，直接投資を伸ばす理由とされていた．これに関連して，EKCが成立する理由として，所得水準の高い国が環境汚染産業を，所得がより低く規制の緩い外国に移転させることも指摘されるが，この場合も規制の違いを過大評価すべきではないであろう．

---

25) Repetto（1995），p.189, 199.

ただしもう1つ注意しておくべきことがある．環境規制の違いが直接の動機ではないとしても，他の何らかの理由——たとえば労働費用の差とか，為替相場が自国に極端に不利になったという理由で，先進諸国から途上国へ製造業が移動すると，結果的に，工場による汚染が先進諸国で減少し，逆に途上国において増加することはありうる．あるいは途上国の輸出品目が汚染物質を多く排出する産業に偏っていれば，貿易の増加は汚染をも増加させる．途上国における環境規制が先進諸国よりも立ち遅れていれば，その傾向にいっそう拍車がかかるであろう．

しかし後にふれるように，直接投資が生産効率を上げたり，環境対策を含めた最新技術の移転につながると，環境への負荷がむしろ減少することもある．このように考えると「環境ダンピング」とか「公害輸出」とかいわれる事態は，その原因と結果について慎重な吟味が必要になる．

「緑の保護主義」

その一方で，「環境ダンピング」論とは逆に，途上国側には，先進諸国が環境保全や生物保護を口実にして自国の市場を閉ざしているとの不信感が生じている．これは「緑の保護主義」と呼ばれることがある．

たとえば，アメリカは，タイ，マレーシアのエビ漁がウミガメの生存を危機に陥れるとの理由で，これら諸国からのエビ輸入を制限してきた[26]．またメキシコのマグロ漁がイルカの殺傷につながるとして，同国からのマグロ輸入も禁止した．これに対しメキシコ政府はGATTに提訴し，アメリカの制限措置は違反とされた[27]．このように環境保全を理由にした貿易制限措置がアメリカに目立つのは，環境NGOの発言権が強いことが背景にあり，またアメリカ市場の規模が大きいので，制限措置が他国に及ぼす打撃も大きくなる．こうした例では，生物保護を主張する団体と保護主義によって利益を受ける集団とが分離しているのが一般的であるが，自然保護団体に

---

26) Dua and Esty（1997），p. 87.
27) Porter and Brown（1996），訳書，pp. 159–160.

はたして自国領域外の生物保護を主張する権利があるかどうか，あるいは実際は，自国の水産業者の利益擁護が動機ではないかといった点が，問われるべきである[28]。

もっとも，実際に先進諸国が「緑の保護主義」を行使することがあるとしても，それが貿易制限の全体に占める割合はさほど大きくはないであろう．しかし環境保全を理由にして先進諸国で農業が保護される場合には，途上国に及ぼす影響は計り知れないほどに大きい．こうした保護政策が実際に自国の環境に好ましい影響を与えるか，逆にその撤廃は環境を破壊することになるかについて，十分な議論が必要である．先進諸国の農業は農薬や肥料を大量に投入して成り立っているので，そうした農業を保護することが，自然環境に必ずしも好ましいわけではない．

その一方で途上国は，緩い環境規制を自国にとって有利に導く手段とする傾向があることも事実である．したがって，世界的に一律な環境基準はもともと実現し難いのである．実際に環境対策を講じた場合の費用格差はさほど大きくはないとしても，直接的な取引規制となると，話はおのずから別である．アフリカ諸国が象牙の取引規制に反対するのは，途上諸国が自然保護と外貨獲得とのジレンマを抱えていることを示す皮肉な一例である[29]．先進諸国が象の保護を本当に優先するならば，それ相応の負担を覚悟しなければならない．より多くの経済援助を与えたり，債務の削減に協力するなどして，途上諸国にとって外貨獲得の圧力を減らすことが1つの方法である．あるいは先進諸国の農業保護を撤廃することも，もう1つの責任をはたす方法である．

国際機関の役割

　WTOは，その設立時点から環境対策への取り組みを課題にしており，

---

28) Field (1997), 訳書, p.409.
29) 象牙の需要は価格弾力性が小さいので，輸出税（あるいは輸入関税）は効果的ではない．だからこそ直接的な取引規制がとられているのだが，それは逆に密輸（密猟）を横行させているとの批判もある．Pearce and Warford (1993), pp.288-291.

「貿易と環境に関する委員会」がこれに関連した任務を担っている．この点で，環境問題がまだ深刻ではなかった時代に設立されたGATTとは大きな差異がある．とはいえ，「緑の保護主義」に関わるような通商紛争に，国際機関が明確な態度を打ち出すことは容易ではない．貿易自由化と環境対策を結びつけるべきかどうかが，1つの判断の分かれ目になるが，過去の通商紛争の歴史が示すように，「安全基準」や「環境基準」はしばしば非関税障壁の代表的な形態になる．最終的には，環境対策は個々の国の裁量に任せるしかないが，それが「非関税障壁」となることを防ぐのに，どのような基準を設けるべきかとなると，国際的な合意をえることは難しい．

しかしWTOの自由貿易主義が正当な環境規制を骨抜きにしている，との批判は根強い．すでにふれたように，自由貿易それ自体が環境保護と結びつかないことは，理論的には自明のことであるが，問題はWTOのような機関が「市場の失敗」に対処する任務まで引き受けるべきか否かである．一方では，GATTの第20条で奴隷労働が禁止されていたように，「環境ダンピング」も規制すべきとの意見もある．しかし他方で，WTOのような機関は貿易の自由化を第1の任務とし，環境や児童労働などの社会的問題は他の国際機関の担当とする．たとえば前者はUNEP（国連環境計画）に任せたり，あるいは新たにWEO（世界環境機関）を設立する．そして後者はILOに委ねた方がよいとの意見もある[30]．貿易自由化とそれ以外の任務を異なった国際機関に分担させることは，分業の効率性という観点からは一応うなずける．しかし「市場の失敗」に関わる問題を，市場の効率性という利点とどのようにして調和させるかについて明確な答えが出ないかぎり，環境保護を専門に扱う国際機関ができたとしても，いずれは自由化を専門とする機関との対立は避けられないだろう．任務を分けるかどうかの違いは，結局，上記のような問題を一機関の内部に納めるか，外部の対立に残すかの違いにすぎないのである．

---

30) Bhagwatti（2000）．

5.3 「後発の利益」

「後発の利益」という概念を有名にしたガーシェンクロンは，すでに第2章3節でふれたように，「後発」資本主義国に「利益」をもたらす要因として，政府や金融機関の特有の役割や技術移転に着目しているが，もう1つの要因として，先進諸国の経験に学ぶことも付け加えることができるだろう．東アジアの工業化にも，「後発の利益」が働いていたことは疑いないが，ここでは「後発の利益」が環境保全にどのような影響を及ぼすかをふり返ることにしよう．

端的にいうと，この影響には2つの側面がある．一方では，短期間で工業化に成功すれば，大気汚染その他の環境破壊がより早く進行する．しかし他方では，環境対策やそれに必要な技術にも「後発の利益」が働くはずである．実際に後発国において環境汚染が改善しているとすると，前者のマイナスの効果よりも後者のプラス効果の方が大きいことになる[31]．すでに

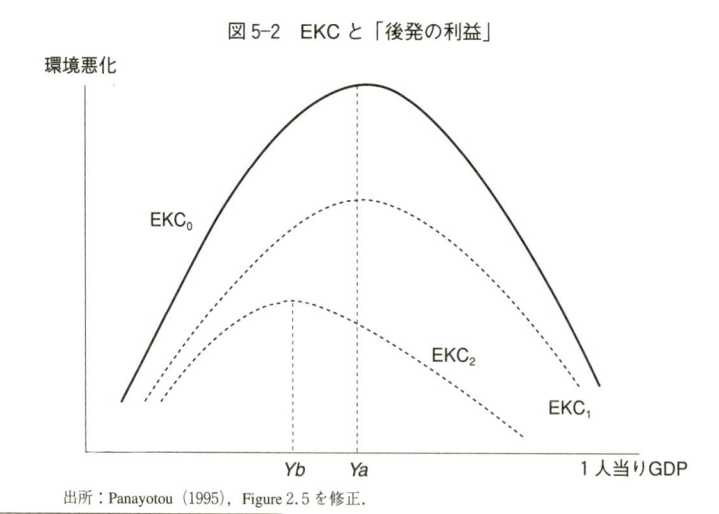

図5-2 EKCと「後発の利益」

出所：Panayotou (1995), Figure 2.5を修正．

---

31) 東アジア諸国において「後発の利益」効果を指摘する説として，たとえば小島・藤崎編 (1994), pp.15-16, O'Connor (1994), 訳書, p.23以下．

取り上げた EKC の議論を「後発の利益」に関連させると，図5-2のように示すことができるだろう．所得水準が上昇するにつれて，同じように環境の改善する局面が訪れるにしても，「後発の利益」が働くと，汚染のピークがより低くなったり（EKC$_1$），あるいは転換点がより早く，所得水準がより低い時点で訪れたりする（EKC$_2$）のである．それは，環境被害を防ぐ技術が導入されたり，早めに対策が打ち出されたりするからである．

大気汚染の国際比較

東アジアの諸国は，1997/98年に通貨・金融危機が勃発するまで，高度成長と環境悪化を同時に経験してきた．それは1960年代の日本を連想させるものがあり，実際，しばしば比較の観点で論じられてきた．それでは，「後発の利益」がどのように現れているか，東アジア諸国の大気汚染を例にとって大まかな見当をつけておこう．

たとえば図5-3から二酸化硫黄（SO$_2$）の大気中濃度をみると，東京のデータを示す折れ線グラフは，1970年から1980年代半ばにかけて急速に改善したことを表している．SO$_2$ 濃度が増加する局面のデータは欠けているが，

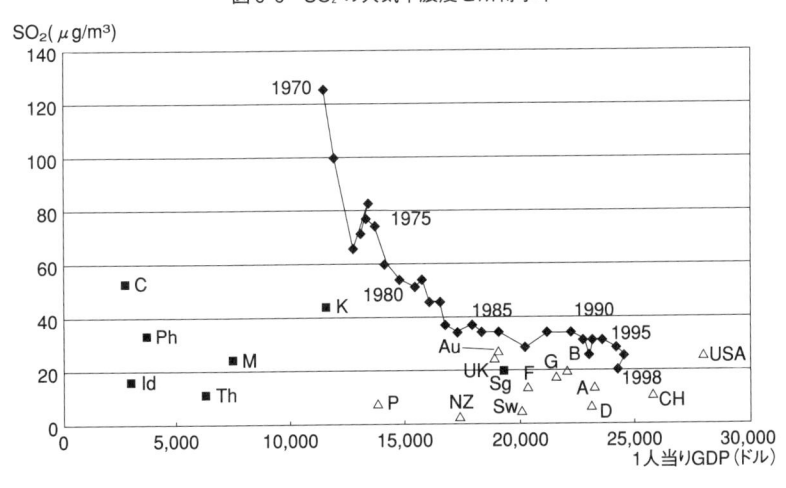

図5-3　SO$_2$の大気中濃度と所得水準

この曲線は EKC の右半分に相当するとみることができる．次に 1995 年の東アジア諸国の状況を表す■印は，いずれも東京の折れ線グラフよりも左下に位置している．これは，同じ汚染水準を日本よりも低い所得で達成していることを意味する．たとえば韓国（ソウル）の大気中濃度は，東京の 1983 年ないし 1984 年の水準にほぼ等しいが，所得を比べるとかなり低い位置にある．これは大気汚染対策における「後発の利益」の存在を示唆しているだろう．なお同じ図で△印は 1995 年の欧米諸国を表しているが，これらも折れ線グラフより下方に位置している．すなわち，欧米諸国に対比すると，日本の側に「後発の利益」を認めることはできないのである．むろん大気汚染は，観測地点によって状態が大きく異なるので，国際比較するときに，その地域がどのていど代表的な例であるかといった吟味が必要になるが，ここでは各国の首都，ないしそれに相当する大都市からデータをとっている．

　ちなみに同じく大気汚染といっても，図 5-4，図 5-5 が示すように状況は一様ではない．図 5-4 の二酸化窒素 NO_2 には似たような傾向，すなわち，東アジア諸国は，同じ水準の大気中濃度を日本よりも概して低い所得で達

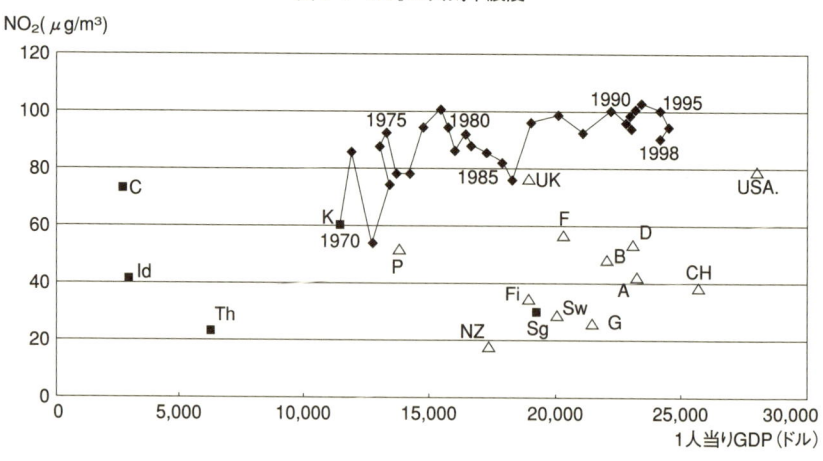

図 5-4　NO_2 の大気中濃度

図 5-5　SPM の大気中濃度

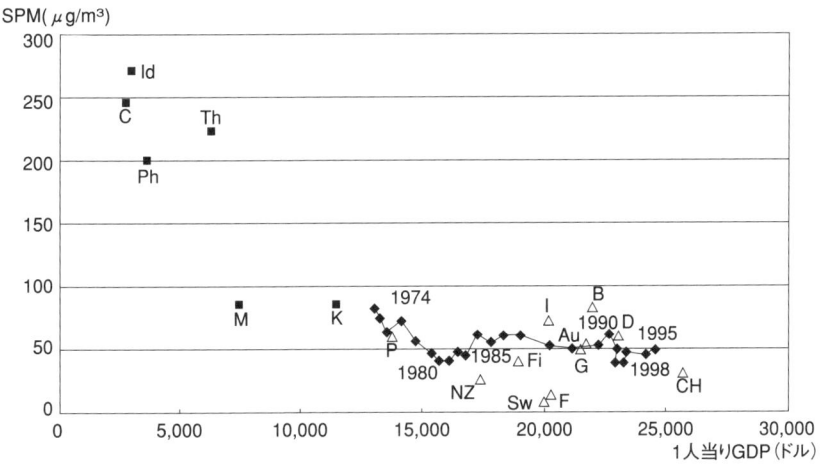

註：所得水準は，IEA, *Energy Balances of OECD Countries 1999-2000*，および *Energy Balances of Non-OECD Countries 1999-2000* による．1995年のドル表示（購買力平価）．日本の環境データは，環境庁『日本の大気汚染状況』，『環境統計要覧』各年号による．測定地点は千代田区，新宿区で年間平均値．SO_2 は 1 ppm＝2860 μg/m³，NO_2 は 1 ppm＝2054 μg/m³ で換算した．日本以外の環境データは，World Bank, *World Development Indicators 1999* により，いずれも 1995 年の値．ただし，インドネシアの SO_2 と NO_2 は，*Environmental Statistics of Indonesia* の年間平均値で補った．

　各国の略号と観測地点は以下の通りである．中国 (C)：上海，フィリピン (Ph)：マニラ，マレーシア (M)：クアラルンプール，タイ (Th)：バンコク，韓国 (K)：ソウル，シンガポール (Sg)：シンガポール，ニュージーランド (NZ)：オークランド，オーストラリア (Au)：シドニー，オーストリア (A)：ウィーン，デンマーク (D)：コペンハーゲン，ポルトガル (P)：リスボン，スウェーデン (Sw)：ストックホルム，スイス (CH)：チューリッヒ，ベルギー (B)：ブラッセル，フィンランド (Fi)：ヘルシンキ，アメリカ (USA)：ニューヨーク，イギリス (UK)：ロンドン，フランス (F)：パリ，イタリア (I)：ローマ，ドイツ (G)：ベルリン．

成しているが，逆に図 5-5 の SPM（浮遊粒子状物質）ではマレーシア，韓国を除いてきわめて高い数値が出ている．この差は，主として自動車エンジンの効率に由来すると解釈できる．すなわち，日本のようにエンジンの効率が高ければ，完全燃焼がおこなわれるので，NO_x がより多く，SPM はより少なく排出される．これに対し，東アジアの諸国では概して自動車エンジンが旧式で十分に手入れされていないので，不完全燃焼が起こりやすく，結果は逆となるのである．東アジアの大都市で SPM の最大の発生源は，交通・運輸，より端的にいうと自動車である．このように SPM に関しては，別の要因を含めて考える必要はあるが，同じ汚染水準がより低い所

得で現れるという「後発」効果は，少なくとも大都会の SO_2 には明瞭に現れているといえるだろう[32]．

日本の経験

　それでは日本の大気汚染対策がどのように進展したかを簡単にふり返っておこう．その第1の特徴は，政府の積極的な介入によって SO_2 や自動車排気ガスの削減に成功したことであった．「公害対策基本法」の制定は1967年であったが，大気汚染対策は1968年の「大気汚染防止法」を根拠にして進められ，環境基準値は1968年の第1次から1976年の第8次まで，毎年のように改定・強化された．NO_x 対策に関しては，1970年に東京杉並区で光化学スモッグが発生したことがきっかけになり，SO_2 よりもやや遅れて，1973年に環境基準，排出基準が定められた．SO_x と NO_x に対しては総量規制が導入され，前者は1974年に，後者は1981年に，東京，大阪，横浜の3地域に適用されるようになった．

　もう1つの特徴は，中央政府よりもむしろ地方自治体が積極的に対策に乗り出したことである．1960年代前半から，大都市圏の地方自治体は企業と「公害防止協定」を結ぶようになっていた．その最初は，1964年に横浜市と電源開発(株)磯子火力発電所との間で結ばれた例であり，次いで1968年に東京都は東京電力との間で大井火力発電所に関する協定を結んだ．こうした協定は，法的拘束力をもたなかったが，実質的には大きな効果を現したといわれる．このように中央・地方政府が積極的な役割をはたした背景には，石油化学コンビナートに反対する住民運動や，水俣病，イタイイタイ病，四日市喘息などの公害訴訟にみられるように，いわゆる「成長の歪み」に対する厳しい世論があったことを忘れてはならない．

　SO_x の排出削減は，具体的には1) 燃料の転換，2) 重油からの脱硫化，3) 排煙脱硫装置の設置，4) 高煙突化などによって進められた．1970年代初頭までは，燃料の転換は最も費用が少ないので，可能な限り追求された．そ

---

32) Iwami (2001).

の一方で，排煙脱硫技術は1960年代にはまだ実用化されていなかったので，発電所などでは高煙突化によって排煙の分散が積極的に取り組まれた．ところが第1次石油危機後は状況が変化した．原油の品質をさしあたり度外視しても，量的な確保が緊急の課題になったので，硫黄含有量の少ない原油を求める「低硫黄化」政策は限界に直面したのである．したがって1970年代半ばから1980年代半ばまでの期間で，SO_xの排出を減少させた第1位の要因は省エネの進展であり，2位が脱硫能力の向上，3位が燃料の転換というように，順位が変化したのである．

NO_xは空気中の窒素が酸化して発生するので，「燃料の転換」という方法では回避できない．したがって主要な手段としては，二段階燃焼，排ガス混合による燃焼効率の改善や，排煙脱硝技術の開発などがおこなわれた．排煙脱硝は脱硫よりも技術的に難しいといわれるが，日本が世界に先駆けて開発し，発電所への普及率もきわめて高い．他方で，自動車から排出されるNO_xは，厳しい環境基準，それに対応して開発された排ガス技術と燃費効率の改善などにより削減された．

東アジア諸国

一般に途上国では，市場の前提条件が整備されていないことが多いので，価格メカニズムを通じた環境対策には限界がある．東南アジアの諸国が日本などの先進諸国の経験にならって，環境対策にあたる行政機関や法規を整備してきたのは，こうした事情が背景にある．たとえば環境担当官庁の設立は1970年代に多く，日本とさほど変わらない時期にあたる．大気汚染の監視体制は1980年代後半から1990年代に拡充された．

中国では，1995年に策定された第9次5ヵ年計画で，環境保全投資の対GDP比を2000年までに1.6％に引き上げることを決めた．多くの先進諸国がこの水準に達するのは，1人当りGNPが1万ドルの水準のときであるが，中国は1人当りGNPが700ドル程度でこの決定をした[33]．この目標が実際

---

33) 安成・米本 (1999), p.122.

に達成されたわけではないが，こうした中国や東南アジア諸国における取り組み状況は，そこに先進諸国の経験が反映されていること，その意味で「後発の利益」が働いていたことは否定できないだろう．

東アジアの経済成長は，生産性の向上よりも，生産要素の大量投入によって実現してきたとの見方が一般には強い．しかし経済の対外開放政策が進むと，外国との価格競争が強まるので，生産性，なかでもエネルギー効率を上げるというインセンティブが働く余地は十分にある．通貨危機以来，東アジア諸国で進められてきた一連の構造改革は，こうした傾向をさらに促進することは間違いない．中国でもWTO加盟を刺激材料にして，国有企業の改革が進められようとしている．燃料の転換は，中国で石炭の比重低下，マレーシアでは天然ガスの比重上昇という方向で進められてきた．

エネルギー効率の上昇が実際どの程度であったかは，図5-6で示されている．中国がエネルギー効率の上昇を持続させたのに次いで，日本も1973年から1990年まで伸び続け，台湾も1978年以降ほぼ一貫して上昇させている．1973年から1985年の期間には，フィリピン，タイもエネルギー効率

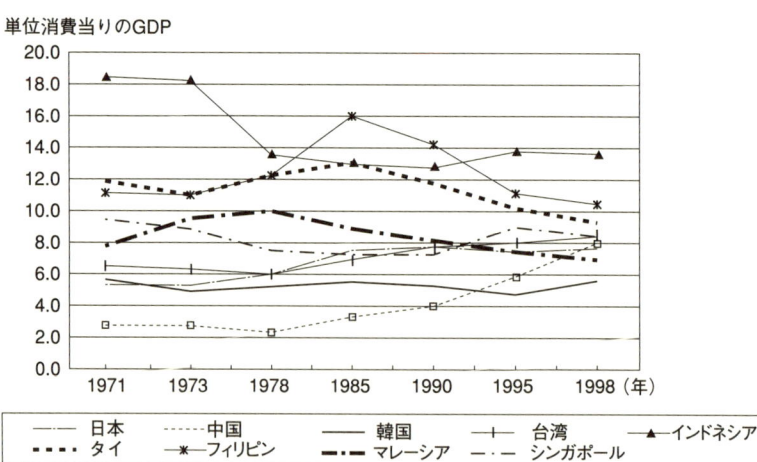

図5-6 エネルギー効率

単位消費当りのGDP

凡例：日本，中国，韓国，台湾，インドネシア，タイ，フィリピン，マレーシア，シンガポール

資料：IEA, *Energy Balances of OECD Countries 1998-1999*, *Energy Balances of Non-OECD Countries 1998-1999*.
註：エネルギーの消費は最終消費（TFC）を表す．GDPは1990年ドル（ppp）による表示．

を上昇させているのに対し，インドネシアやマレーシアでは，むしろ低下している．これは，両国が石油や天然ガスの産出国であることを反映しているかのもしれない．それはともかく，1998年の時点で東アジアのいずれの国も，エネルギー効率は第1次石油危機後にあたる1978年の日本を超えている．さらに，1998年の日本の数値に比べても，マレーシアを除きすべての国が上回っている．この限りでは，東アジア諸国が一概にエネルギー多消費型の成長路線を歩んできたとはいえないのである．

中国では，エネルギー効率の上昇が1977年から一貫してみられる傾向であるが，GDP統計は過大評価されているので，エネルギー効率はさほど向上してはいないという見方もある．しかしその程度については議論の余地があるとしても，次のような要因によって，エネルギー効率の上昇が実現したことは，まず間違いないだろう．

その要因とされるのは，1）エネルギーの大消費源である重工業の地位低下，2）非効率な国有企業，小規模な発電所，炭鉱などの閉鎖，3）石炭の価格低下で高品質の石炭に消費が移行したこと，さらに4）都市において人口が増加し，石炭の直接消費よりも，電気，都市ガス，あるいはLPG（液化天然ガス）が選好されたことなどである[34]．第2次産業や重工業の地位に関しては，既述のように一般にサービス産業の比重増大がエネルギー消費を低下させるとは限らない．しかし中国の第2次産業は，1970年代に国防上の配慮から無理な立地が選択されたり，毛沢東の「自力更生」思想が郷鎮企業を奨励したことによって，小規模で非効率な生産設備が多くなっていた[35]．そうした企業・設備の整理や統合がエネルギー効率を上昇させることは十分に予想される．

技術移転

環境対策に関する技術移転も「後発の利益」を実現するうえで大きな役

---

34) Sinton *et al*.（1998），Sinton and Fridley（2000）．
35) Sinton *et al*.（1998），p.814，中兼（1999），p.48.

割を果たしてきた．技術移転には，経済援助（ODA）と民間の直接投資という2つの経路がある．援助供与国からプラントや資本財の輸出と結びつく場合には，技術が移転されやすいことは明瞭である．しかしその他に，酸性雨や大気汚染が風に乗って運ばれるなど，被害が国境を越えて広がる場合にも，被害国が経済援助を環境対策に結びつける動機は強く働く．日本の対中国経済援助にしても，最近では見直すべきとの意見が強まっている一方で，環境対策に限ると，むしろ積極的な取り組みが進んでいる．黄砂対策として，内陸部の砂漠化防止（植林・植草事業）に円借款を供与したり，あるいは簡易式の排煙脱硫装置の導入を試みたりする[36]プロジェクトなども，環境対策援助の例といえるだろう．

　技術移転は経済援助のほかに，直接投資を通じても，より効率的な生産方法や資源の再利用（リサイクル）が普及する．直接投資を受け入れる途上国では概して生産効率が低いので，新たな投資によって結果的に環境への負担が低下することは十分可能である[37]．新日鉄の技術協力を受けて1980年代半ばに操業開始した上海の寶山製鋼所では，生産設備のみならず環境対策技術までも当時で最高のものが導入された．環境対策に限らず一般に技術移転が成功するためには，その技術を使いこなす人材養成が不可欠であり，その方向への先進国の協力も必要になる．

　それでは，技術移転はCO_2対策にも有効であるだろうか．SO_2対策に有効であったエネルギー効率の向上や燃料の転換は，CO_2の削減にも有効であることはたしかである．しかしこうした「副次効果」を別にすると，「後発の利益」は，先進諸国が技術開発や排出削減の経験を積まないと実現しない．先進諸国はCO_2対策にまだ十分に成功してはいないので，大気汚染対策の例がそのまま当てはまるわけではないのである．

---

36) 定方（2000）．
37) 簡単なデータ分析ではあるが，エネルギー効率に関してMielnik and Goldemberg（2002）は，この関係を強調している．

5.4 環境対策の担い手

 発展途上国が環境対策を進めていくうえで,どのような特徴ないし課題があるかを最後にまとめておこう.その担い手になる政府,住民組織,企業に分けると次のようになる.

政 府

 すでにふれたように,途上国では市場メカニズムを利用した環境対策は制約が大きく,一般に直接的規制の方がより有効である.さらに環境に関する法規が形式的に整備されても,それを実行する人材や機関が備わっていないと,実効性を持たない.あるいは,汚染排出企業のみならず規制当局の意識改革を必要とする場合もある.中国では,すでにふれた1995年の目標設定に先行して,「市場経済化」が唱えられた1979年直後から環境法規が整備されていた.このように,少なくとも制度や法規上は環境対策は「先進性」を持っていたのである.それにもかかわらず,汚染が進行したのは「環境保護システム」の不備によるとされる[38]が,それは要するに行政・管理組織が十分に整備されていなかったことによる.

 ここでも技術移転の場合と同じように,種々の制度的な条件が重要になってくる.こうした点に関連して,「制度革新」(速水,2000)が必要になるという議論もあるが,どのような方向に,いかなる手段を使って「革新」すべきだろうか.市場が円滑に機能するためには,いうまでもなく所有権や取引法などの法的整備が前提条件になる.だがそれだけでは足りず,人びとが市場に参加する動機を持つようになることが必要になる.それは,法的制度ができれば必ずしも自然に育つというものではなく,市場取引の経験が乏しいところでは,教育や啓蒙活動を要するかもしれない.さらに,テクノクラートや技術者の人材養成にも,政府のはたすべき領域がある.「東アジアモデル」はその点で1つの成功例というべきであるが,同時に

---

38) 李(1999).

「腐敗」を回避する努力や制度的な工夫が望まれるであろう[39].

住民運動・NGO

日本の経験からみても，また「外部性」の理論から判断しても，企業自身が公害対策を進んでおこなうことは例外的であり，行政側，とりわけ地方自治体の積極的な取り組みが必要である．そこで注目すべきは住民の声が行政当局へ届きやすかったかどうかである．

東アジア諸国に市民運動の条件が成熟しているかどうかという点は，タイや中国の意識調査（ともに1994年に実施）から推測することができる．こうした調査によると，一般に予想される以上に，住民の環境に対する意識は高い．概括的にその特徴をみると，北京や上海の市民が感じている要因では，「騒音振動」，「緑地不足」，「大気汚染」，「河川汚濁」といった日常生活の問題がほぼ羅列されているが，もう1つ注目されるのは，政府のはたすべき役割に期待が高いことである[40]．こうした調査の結果からも，環境に対する社会の意識が進むことで，政府の対策を引き出すという関連がうかがわれる．

実際，タイやフィリピンでは，住民運動やNGO（非政府組織）が活発であり，その活動は環境問題にも及んでいる．こうした団体がどの程度の影響力を持っているかを客観的に判定することはできないが，環境NGOの数からみるとフィリピン，インドネシア，タイなどが多いようである[41]．これとは対照的な例がシンガポールである．この国では，「権威主義的体制」の下でNGOの活動はあまり目立たない．それでも環境政策が進んでいるのは，政府の意志，とりわけ官僚（テクノクラート）の主導性が重要であることを示唆している．それは，政府の性格，すなわち「権威主義的体制」であるかどうかにはあまり関係がないといえるだろう．

---

39) World Bank (1993).
40) タイに関しては，岡本 (1997)，中国に関しては，大塚 (1997).
41) 日本環境会議 (2000), p.365 以下.

企 業

　企業も環境対策の重要な担い手の1つである．ハイブリッドカーや燃料電池のように，新しい環境技術を備えた商品は，環境の制約が大きくなればなるほど，販路を拡大することができる．企業がこうした技術革新に大きな役割を担うのは，いうまでもなく将来の大きな収益性が動機になるからである．かつての公害企業のように，社会的費用を無視して私的利益を追求する傾向は，近年ではほとんどみられなくなってきた．政府や住民の環境に対する意識が高くなったので，それを無視することは企業の死活問題につながるからである．

　このような傾向は，先進諸国に限らず多少とも発展途上国にも当てはまるが，途上国に固有の特徴をあげるとすれば，環境技術の開発も，製造業の先端的な部門も，先進国の企業に握られていることである．多国籍企業や地場の大企業は，必要とあれば環境対策を進める資金や人材をそなえているだろうが，中小企業にはその余裕がなく，汚染発生源になりやすい．こうした企業には政府の支援が必要になることが多い．

第6章
環境政策の争点

北京郊外の製鋼工場,勢いよく噴き出す排煙.
(2002年8月,筆者撮影)

本章ではまず，環境問題を解決するのに，どのような方法が考えられるか，具体的な政策手段にまで立ち入って論じてみよう．過去30年近く経済政策をめぐってたえず議論の種になってきたように，ここでも市場の自由な働きに委ねるか，政府の介入かという争点が浮かび上がってくる．こうした論争のキーワードは，「市場の失敗」と「政府の失敗」である．

6.1 「市場の失敗」と「政府の失敗」

「市場の失敗」

1970年代に公害問題が世間の注目を集めたときには，「市場の失敗」という認識が社会一般にも広がった．その代表的な文献である宇沢（1974）では，公共経済学でいう「外部性」の存在によって，市場メカニズムが公害に対して有効に働かない側面が強調されていた[1]．「外部性」が存在することにより，「排除性」，「競合性」や「譲渡可能性」など通常の経済取引に不可欠な特性をもたない財があり，それらは公共財と呼ばれる．より狭く限定すると，外部経済によって相互に利益が発生する場合に公共財といわれ，逆に不利益が生じる場合（外部不経済）には，負の公共財と呼ばれることもある[2]．環境問題の多くは，市場が「外部不経済」をうまく処理できないことに原因がある．

ところが近年では，外部費用の「内部化」，すなわち市場メカニズムを利用して環境悪化を回避する手段として，炭素税や排出権取引などがさかんに論じられるようになった．市場は「外部性」を正しく価格に反映できないという限界を持っていることはたしかだが，それでも市場には一定の問

---

[1] 宇沢（1974）は，運輸省や自動車工業会などが計測した自動車の社会的費用が過小評価されていると指摘し，安全で快適な交通体系の建設や自動車の公害対策に要する費用を組みこんで再推計した．その意味では，外部費用を数量化する先行例とみることができる．
[2] 柴田（2002）．

題解決能力があるという理解がその背景にある．このような変遷は，経済政策をめぐる議論の重点が「政府の失敗」に移り，その一方で「市場の失敗」に対する評価が相対的に甘くなったことと軌を一にしている．

こうした論調の変化を抽象的に表現すると，どこまで価格メカニズムに頼ることができるか，あるいは好ましいか，逆に，「市場の失敗」に比べて，過剰な規制や介入の弊害（いわゆる「政府の失敗」）がどの程度大きいか，という問題に帰着する．結論を先取りしていうと，この問題にはあらゆる場合に妥当する普遍的な答えはない．だからこそ，試行錯誤の中で解決策を見出すことが求められるのである．

1970年代初頭から「市場の失敗」に対して積極的に取り組まれ，それなりの効果をあげてきたのが，政府による直接規制（Command-and-Control）であった．当時の日本の公害対策では，租税優遇措置や公的特別融資のように市場メカニズムを利用した手段も一部で採用されていたが，主流は環境基準の設定，公害防止協定の締結などの直接規制であった．アメリカでも事情はほぼ同じであり，自動車の排気ガスを規制するマスキー法（1970年）はその象徴的な例であった．これにならって日本でも1973年の「排ガス規制基準」が定められた．マスキー法は，排気ガスに含まれる炭化水素HC，一酸化炭素CO，窒素酸化物NO_xを5年間で90%削減するという厳しい内容であったが，産業界の反対でついに1974年に廃案になった．ちなみにアメリカではマスキー法も，またこれに続く1972年の水質浄化法（Clean Water Act）も，費用対便益による政策判断を採用していなかった．それだけ「市場の失敗」に対する警戒心が強かったといえるだろう．ところが，1980年代になるとこの点に変化が訪れ，価格メカニズムを利用した政策が相次いで登場したのである[3]．

マスキー法のように厳格な規制は，当該産業の競争力を阻害するという危惧が強く，それだけに業界からは反対の声が上がるのが通例である．しかし環境規制と費用との関係を固定的に捉えることには問題があり，規制

---

3) Cropper and Oates (1992).

は技術革新を促し,結果的に競争力を高めるという動態的な因果関係があることも指摘されている[4].たとえば,CO_2削減の目標が設定されると,それに適合するように,省エネの可能性が追求されたり,「ハイブリッド・カー」のような新製品が生まれたりする.もっとも,どのような場合に,いかなる条件があると,厳しい規制が技術革新に結びつくかという疑問には,明白な回答はない.あくまでも,可能性があるということしかできないのである.

直接規制は,たとえば日本の大気汚染対策のように,それなりに効果を収めてきたが,経済的動機付け(incentive)を利用した方法に比べて劣る点があることも事実である.具体的にどのような点が劣るかというと,第1に情報を集めたり,査察したりするのに費用が大きくなりがちなこと,第2にある限度(環境基準)を達成するのに効果があっても,それを超えて事態を改善するうえでは動機が働きにくいことなどである.こうした短所については,市場メカニズムの利用を論じる次節で,より詳しくみることにしよう.

「政府の失敗」

直接的規制による環境対策はそれなりの成果を収めたが,逆に,価格(市場)メカニズムの働きを重視する流れのなかから,環境悪化はむしろ不適切な政策の結果であるとみなす考え方が生まれた.「市場の失敗」との対比で,このような政策の帰結を「政府の失敗」と呼ぶ.やや厳密にいうと,ここで「政府」というのは「行政府」に限定されるわけではない.誤った政策は,しばしば圧力団体の投票行動によって余儀なくされるように,「行政府」のみならず「立法府」も,また場合によっては「司法府」も深く関与しているのである.

「政府の失敗」としてしばしば指摘される例は,中国における石炭のように,エネルギー消費への補助金である.またインドネシア,フィリピンや

[4) Porter and Linde (1995).

パプア・ニューギニアでは，国有林の伐採を政府が業者に認可するという政策をとっているが，その対価が安すぎて一種の補助金のような働きをして，乱伐を生んだといわれる．ブラジルでは，アマゾン流域で農業や畜産を奨励するために税控除や特別融資が認められ，農業所得への課税は90%も軽減されたともいわれる[5]．1970年代後半から熱帯雨林が大規模に破壊される結果をもたらし，年間の森林消失面積は，1975-78年に16,000平方キロであったが，1978-80年に24,000平方キロ，1980-88年には60,000平方キロというように，加速度的に増大した．そのほかの例としては，途上国において新作物の導入や集約的農業を促すために，農薬使用に補助金が支払われたことがある[6]．この補助金が廃止されると，農薬の使用が制限されるので，農民の健康や土壌の質が保護される．いずれの補助金も，自然環境や人間の健康に対する配慮が欠けている点に問題がある．

1990年代初頭の世界銀行の推計によると，途上国全体ではエネルギーへの補助金が2,300億ドル以上にものぼり，この額は世界全体の開発援助（ODA）の4倍以上にも相当した．そのなかで旧ソ連・東欧諸国が1,800億ドルを占めていたといわれる[7]．また別の推計によると，全世界で化石燃料への補助金は，1985年で3,300億ドル，1990年代初頭で2,500億ドルであったが，これらの数値は全消費額の20-25%にも相当した．インドで農業や家庭用の電力料金がきわめて低く抑えられているのも，同じような例である．ところが中国では，石炭への補助金が37%（1984年）から29%（1995年）に引下げられると，エネルギー効率は30%以上も高くなった[8]．地球温暖化対策に必要なエネルギー消費の削減は，新たに炭素税を導入しなくとも，各国が既存のエネルギー補助金を撤廃するだけで，かなりの効果が期待できるともいわれる[9]．

---

5) Repetto (1995), p.209. Pearce and Warford (1993), pp.181-187, Tietenberg (2000), p.266.
6) Field (1997), 訳書, pp.347-348.
7) World Bank (1992), 訳書, p.11.
8) Dua and Esty (1997), p.153.
9) 天野 (1997), p.179.

こうした例では，補助金支出が消費を過大にするので，その廃止によって正常な価格の働きを回復させれば，適切な消費量が実現する．そればかりではなく，エネルギー消費の例では効率性も高まり，さらには財政収支も好転するという三重の効果がある．したがって，補助金による「失敗」例は，少なくとも理論上は，簡単に対策を立てることができる．補助金を停止すれば，過剰な消費や生産は止まるからである．もしこれらの補助金が，以下のような社会政策的な観点から支出されているのであれば，エネルギー消費や森林伐採とは関係なく，別にあらためて所得を直接保証するように施策を講じれば済むことである．このように理論のうえでは，対策を立てることは簡単であるが，それを実行するとなると，政治的にはかなりの困難がともなう．

　補助金が支出される理由は，第1に低所得層や発展の遅れた地域を経済的に支援すること，第2に特定の産業部門や企業の成長を促進すること，などである．第1の例に属する中国の石炭補助金では，炭鉱が地方の唯一の産業であり，これを廃止すると地域的に深刻な雇用問題が発生すること，少なくともそのような懸念のあることが，補助金の撤廃を思い留まらせる理由となっている．第2の場合は，特定産業（企業）の育成がしばしば「クローニー資本主義」の基盤になりやすいので，政権が変わらない限り廃止は容易ではない．これに関連した「利権あさり」(rent-seeking) と呼ばれる現象には，「利権」を守るために贈賄やロビー活動がつきものである．

　以上のように「政府の失敗」をふり返ってみると，この弊害を除くことは理論上は簡単であっても，実践が難しい点に特徴がある．これに対して，「市場の失敗」に関連する問題は，理論上も，実際上も，答えを出すことは容易ではない．理論的には「外部不経済」を「内部化」してはたして解決になるかどうかという問題になるが，もう少し具体的にいうと，環境劣化にともなう費用は多種多様であり，これを客観的，適正に価格付けることはほとんど不可能に近いからである．そこに，市場メカニズムに沿って環境対策を進めることの難しさがある．とはいえ，この制約を打破しようとする試みがいくつかあるので，その具体的な例は節をあらためて紹介する

ことにしよう．

所有権は解決手段になるか

　市場が効率的に機能する前提として，所有権（property right，財産権ともいわれる）が重要な条件になることはたしかである．市場で取引される財がもつ「排除性」，「譲渡可能性」などの特性は，所有権が設定されてはじめて意味をもってくる．逆にいうと，所有権の裏付けをもつ財だからこそ市場で取引されるのである．また所有権があることで，財の効率的な使用（限界効用と価格が一致するところまでの使用）が実現するということもできる[10]．

　所有権は一般に土地に関して論じられることが多い．それは先進諸国の歴史においても，また現在の発展途上国においても，土地が最も重要な生産手段だからである．一般の財に限らず土地の場合も，「所有権」と「利用権」は分離し難いことが多いが，共有制，国有制の下では両者が分離されていることがある．たとえば発展途上国では，法的には国有の土地であっても，地域の住民が事実上，自由に利用しているといった例が少なくないといわれる[11]．しかし「利用」する人が土地を「管理」しているとはかぎらないし，場合によっては土地の「所有」者が「管理」を別の代理人に委託していることもあるだろう．こうした場合には，所有権の内実を慎重に吟味しなければならない．

　市場の不備が環境問題を悪化される例として，しばしば取り上げられるのが Hardin（1968）で有名になった「共有地（コモンズ）の悲劇」である．共有地に牛が放牧されると，農民は自己利益のみを追求して，牛の数をふやすので，牧草の消費が過大になる．その結果，牧草が消滅してしまい，農民は生活できなくなることを，「共有地の悲劇」という．牧草の再生力を無視した放牧は，牧草の減少という社会的な費用（外部不経済）を発生させるが，個々の農民はその費用を負担しない．このような「悲劇」は「所

---

10) Tietenberg（2000），ch.4．また所有権と経済発展との関連に関しては，Ray（1998）．
11) 井上（2001）．

有権」を設定することで，回避されるというわけである．

　しかしハーディンがあげるような例は，実際にいつ，どこで存在したのだろうか．別の言い方をすると，他人を省みず，自己の利益だけを追求するという行動様式は，どのような条件の下で存在すると考えるべきか，という疑問である．西欧中世の共同体では，周囲に存在する牧草地などの「共同地」が，各村民に耕地の大きさに比例した「共同使用権」を割り当てることで管理されていたといわれる[12]．また日本をはじめ東アジアのいくつかの諸国で，入会地という形で森林が保全されてきたのは，人びとが「共同体」的規制の下で行動していたからである．共同的な管理下でも資源は十分に保存されていたのである．このような事例をみてくると，「共同体」の概念，「共有」，「所有権」などの定義があらためて問題になる．その点で，近代の西欧とそれ以外の社会との間に相違はあるかないかなどを，さらに究明すべきである[13]．

　所有権が資源保護につながる例としてよくあげられるのは漁業である．ある区域に漁業権が設定されると，乱獲が回避されるのみならず，漁民は水温を管理したり，餌を補給したりする．それがより大規模におこなわれると，養殖事業となる．この点で日本の漁業権が外国でもよく知られている[14]．とはいえ検討すべき問題は，現実に途上国で生じている自然環境の破壊が，所有権の設定によって解決されるかどうかである．

　中国では華北の水不足問題を「所有権」の導入によって解決しようとの試みがある．そのためには，「水利権」を上流と下流の間でどのように配分するかが難しい問題になる．仮に，上流と下流それぞれに権利配分が決め

---

12) 大塚（1955），p.94．なお耕地は共同体に属してはいても，「私的に」占取され，相続されたといわれる．

13) Dasgupta and Mäller（1995），p.2410 以下．Dasguputa（1998），p.49．共同体の信頼関係が地域的な公共財として重要な意味をもつという指摘は，速水（2000），pp.289-290．最近のゲーム論でも，相互の意見交換や条件付きの協調があるなど，前提を変えると，共有地の「悲劇」が発生しない場合があることを想定するようになっている．Ostrom（2002）．

14) Tietenberg（2000），p.292．

られたとしても，その次には，必要なときに利用権をどのようにして移転するか，どのようにして補償するかといった点が解決されねばならない．それには，結局，法制度と強制力を備えた行政当局が必要になる．あるいは，内モンゴルにおける草原の砂漠化にしても，所有権ないし利用権の設定が解決に必要な条件とされているが，ここでは問題はもっと複雑である．すでに法的に土地利用権は設定されているが，関係者が法律に訴えて，その権利を守ることができないのが実状である．その原因は，法律が中国語で記されているので，少数民族にとって言語障壁が大きいことである[15]．

小繋事件

日本では入会地の利用権（入会権）は，慣習によって共同体の構成員に保証されていた．この権利が，明治政府の「地租改正」にともなう所有権確定によって，失効したか否かをめぐって，50年にわたって争われたのが有名な小繋事件である．岩手県の山間部に位置する小繋村で，それまで共同で利用していた山林が明治10年（1877年）に村の有力者の名義で登記された．しかしその後もしばらくの間は，実際の利用形態に変わりはなかった．名目的には個人の所有地とみなされても，村民の入会地であるという実態は保たれていたのである．ところが当の有力者がこの山林を転売し，新しい所有権者が大正4年（1915年）になって突然，村人の立ち入りを制限したことから紛争が始まった．何度か訴訟が提起されたが，1966年に最高裁が村人の森林法違反を有罪と認定し，最終的に決着した[16]．この事件は，所有権が確定しても，入会権が必ずしも否定されるわけではないことを示唆する．しかしそれ以上にここで注目すべきは，近代的法制による所有権が確立する以前においても，共同管理によって山林資源が維持されていたことである．

---

15) 2002年8月，発展与環境研究所（北京）での調査による．
16) 戒能（1964），その他による．

6.2 市場メカニズムの利用

 環境問題を解決するのに市場メカニズムを利用するという考え方が1980年代から広がってきたことはすでに述べた．ここではその具体的な方法をより詳しくみることにしよう．こうした考え方に立って環境汚染物質の排出を抑える場合に留意すべきは，第1に，どの水準に目標を設定するか，第2に，政策目標として決めるべきは，価格か総量か，といった点である．第1の目標水準（環境基準）は，被害の程度，そして被害回避に要する費用との関係（費用対効果）によって決まってくるが，この問題は後回しにして，第2の点について考えてみよう．

 もし消費関数の形状（需要の価格弾力性）が分かっていれば，ある消費水準を決めるのと，一定の価格を決めるのとは結局，同じことになる．たとえば図6-1で，社会にとってある財の適切な消費量がQ_2であったとすると，Q_2に消費量を決めても，価格をP_2に決めても効果は同じになる．したがって政策手段として価格を選ぶか，総量を決めるかに基本的な違いはない．ところが現実には，需要曲線の形状を推定するのは簡単ではないので，いずれを政策の目標にするかによってその効果は違ってくる．

 概してアメリカでは排出権取引が多く使われ，西欧では排出税が選好されるという違いがあるといわれる．たとえば，アメリカでは酸性雨対策と

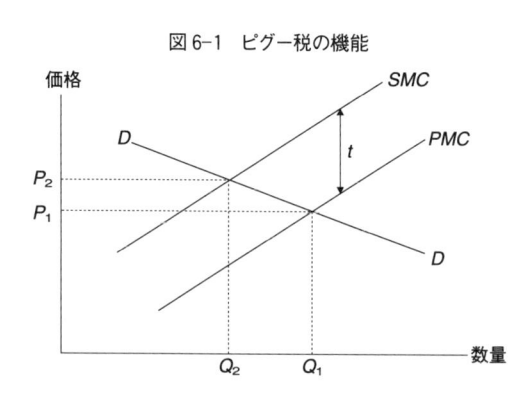

図6-1 ピグー税の機能

して，1990年の大気浄化法（Clean Air Act）改正案の下で，SO_2の企業間取引がすでにおこなわれている．事前に排出権を無料で配分し，それ以上にはSO_2の排出を認めないので，配分割当てよりも多く排出する企業は権利を購入するしかない．そこで取引が成立するのである．こうした制度を導入するにあたって，経済学者の意見が取り入れられた[17]．

次に，排出税と排出権取引の違いをもう少し詳しくみることにしよう．

排出税

価格をまず設定する方法は，排出量の推定に不確実性をともなうことが短所である．したがってどの水準に価格を設定するかについて，客観的な基準というよりも，不確実な目標から割り出すしかないことになる．地球温暖化のような例では，そもそも世界的に一律な価格弾力性を想定することには無理があるので，事前に価格を設定する方法は採用されにくい．

次に，価格を操作して汚染物質の排出を抑えるにしても，課税する，もしくは課徴金をかけるか，あるいは補助金を与えるかという選択がある．課税や課徴金では，汚染の削減目標を達成しても企業に何の利益も残らないが，補助金では，目標を達成することで企業の利益が増える．その結果，次のような副作用が生じかねない．すなわちそれは，補助金は企業ごとの排出量を減らせても，多くの企業が新規参入してくる誘引を与えるので，排出総量は減らないか，もしくは増える可能性すらあることである．さらに補助金は財政支出を増加させるのに対し，課徴金は財政収入を増やすという点で対照的である．課徴金は財政収支を好転させるうえに，汚染者負担原則（PPP : Polluter-Pays Principle）に考え方が近いので，社会的に受け入れられやすいという利点もある．

排出削減に価格を利用する方法は，需要曲線の形状を知ることが重要な意味をもつ．ピグー税（Pigouvian Tax）といわれる方法は，そうした前提に立っている．ある財の生産量は需要曲線と供給（限界費用）曲線の交点

---

[17] 天野（1997），P.166以下．

で決まる．しかし図6-1が示すように，個別企業の限界費用曲線 PMC には汚染が社会に及ぼす被害（費用）が反映されていない．PMC はこうした被害を反映した社会的限界費用曲線 SMC よりも右下に位置し，それと DD 曲線との交点で個別企業の利害を反映した生産量 Q_1 が決まる．しかし Q_1 は，社会的に好ましい生産水準 Q_2 に比べて過大になる．そこで個別費用と社会的費用の差（t）を課税すれば，生産水準は妥当な Q_2 まで削減される．以上がピグー税の機能であり，私的費用と社会的費用の差を課税するという考え方は，この他にも種々の場合に応用できる．

　だが，実際には需要曲線の形状を正確に知ることはできないので，課税率の選択は難しい問題をはらんでいる．そうした考えから提唱されたのが，試行錯誤をくり返しながら適宜，税率を調整するという，ボーモル＝オーツ（Baumol=Oates）税である．この税は，不確実性の問題を解決するうえで1つの有力な方法ではあるが，実際には，一度決められた税率をたびたび変更することは政治的，行政的に簡単にはいかない．その意味で実行可能性に難点があるといえよう．

　いうまでもなく，課税水準と排出量との関係に不確実さをともなうからといって，環境対策に税制が無力であるというわけではない．価格メカニズムを利用する方法の得失は，直接規制との比較によって判断すべきである．直接規制に比べて税や課徴金を徴収する場合の利点は，規制当局が個々の排出者の削減費用を知る必要がないことである．この点を限界削減費用（MAC：Marginal Abatement Cost）曲線を示した図6-2から説明してみよう．

　まず単純化するために，排出量は生産量と連動していると想定することにしよう．一般の供給曲線では，生産量に対して限界費用は逓増するが，生産量（それに応じて排出量）を削減する場合には，図6-2が示すように，限界削減費用は逓減すると想定している．その理由として，第1に，排出量の多い水準から少し削減するときには，わずかな生産工程の工夫や設備の改良で実現するかもしれない．しかし大規模に削減する場合には，新たに削減装置を導入することが必要になる．そうなると，排出量を示す横軸を左側に進めば進むほど，限界費用は大きくなる．第2に，排出を削減す

図 6-2　限界削減費用と課徴金

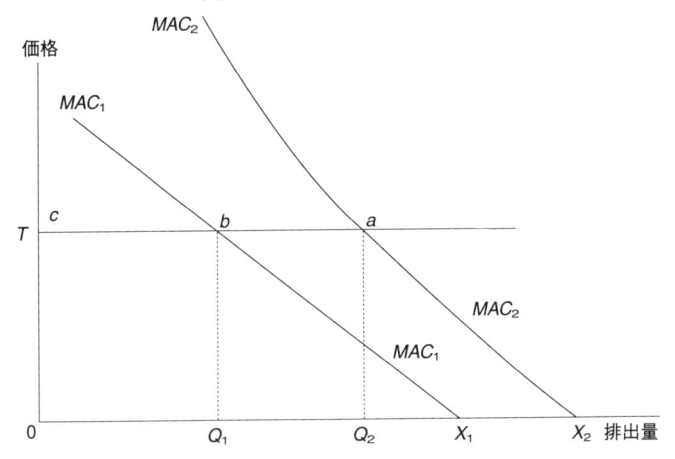

るのに固定設備を導入するしかない場合を考えてみよう．この設備投資には生産量に関係なく一定の固定費用がかかるので，「規模の経済性」が働き，生産量が多くなればなるほど，単位生産（汚染）量当りの削減費用は少なくなる．あるいは第 3 に，排出削減の手段が生産の低下しかない場合には，生産（消費）の低下による効用の減少を一種の社会的費用とみなすことができる．そうすると，右下がりになっている限界効用（需要）曲線を，そのまま限界削減費用と読みかえることもできる．図 6-2 で示される右下がりの限界削減費用（MAC）曲線は，このようないくつかの効果を合わせたものとみればよい．

さて規制当局はただ一律に課徴金（ないし税金）を設定する．そうすると，排出者はその水準（T）と各々の限界削減費用が等しい所まで排出量を調整することになる．たとえば，企業 1 は Q_1 より大きな生産量では排出削減の費用の方が課徴金よりも低いので，生産量を Q_1 まで減らしたほうが安上がりになる．しかし Q_1 以下に生産を減らすと，削減費用の方が高くつくので，生産量は結局，Q_1 に落着く．MAC_1 と横軸の交点を X_1 とすると，このとき，削減費用の合計は三角形 X_1bQ_1 で表される．同じように，企業 2 は生産量を Q_2 に調整し，削減費用は三角形 X_2aQ_2 の面積に相当する．そして

企業 Q_1 の課税額 OQ_1bc,Q_2 の課税額は OQ_2ac となる.この結果,限界削減費用の低い企業1の方が排出量は少なくなり,社会的にみれば,ある一定の削減量をより少ない費用で実現することになる.この例では,各企業の削減費用が変わらないことを前提にしているので,この効果を静学的効率性と呼ぶこともある.

　Q_2 の立場で考えてみると,Q_1 が採用している削減技術を新たに導入して限界削減費用曲線 MAC_1 と重なるところまで下げたとしよう.そうすると,税の支払額は Q_1Q_2ab の面積だけ少なくなる.しかしもう1つの影響は,削減費用の差額にも現れる.新しい技術を導入すると,削減費用は三角形 X_2aQ_2 と三角形 X_1bQ_1 の面積の差だけ変わる.この差額と新技術を設置する費用の合計が税の節約分よりも小さければ,企業 Q_2 は新技術に移行するであろう.この場合,排出税は社会全体の排出量をなおいっそう減少させる効果をもつことになる.上に述べた静学的効率性に対して,新しい技術を導入することで生れるこの効果を,動学的効率性と呼ぶことができる[18].

排出権取引

　排出権取引のように総量をまず決める政策は,価格は市場取引の中で事後的に決まってくる点で,排出税と対照的である.この場合は,排出量を直接決められるので,事前に価格を設定する場合よりも量的目標を達成する点での困難は小さい.総量の決定は,どの水準で安定させるかという判断にもよるが,それが決まってしまうと,後は総量を一括販売するか,関係者(地球温暖化の場合には国)ごとに事前に配分するかという問題が残る.後者はグランドファーザー方式と呼ばれる.地球温暖化に関連した CO_2 の排出枠では,一括販売する方式は扱う金額が大きくなりすぎて,実施は容易ではない.かといって事前に配分する際には,何を配分の基準にするか,具体的には,既存の排出量,GDP の規模,あるいは人口などの中から,何を基準に選ぶかといった点が難しい.この点は,後に京都メカニズムに

---

18) OECD (2001),訳書,pp. 20-22.

関連して再論することにしよう.

さしあたり配分の基準に何らかの国際的な合意ができたとすると,国ごとに排出権の限界効用(あるいは排出削減の限界費用)が異なるので,取引が成立する.各国は各々の限界排出削減費用と等しい水準で排出権を購入(販売)しようとする.とりわけ先進国と途上国の間では,削減可能な排出量(あるいは削減技術の水準)が異なるので,先進国は1単位の排出権により高い価格付けをし,途上国はより低い評価をする.その結果,途上国から先進国に排出権が売られ,途上国は販売した収入を代償にして,温暖化ガスの削減を強制される.このようにして,限界費用の低い国で対策が進むので,世界全体としてみると,排出削減の費用が少なくなり,効率的におこなわれることになる.

以上の点を図6-3から説明しよう.国1と国2には各々 Q_1, Q_2 の生産枠,したがって排出権が割り当てられていると仮定しよう.全体の排出枠は Q_1, Q_2 の合計で一定になることを想定して,国1の排出量は右側を,国2の排出量は左側を原点にして表示している.排出権の価格が P_1 で与えられていると,国1は,Q_1 における限界削減費用が P_1 よりも高いので,排出権を買

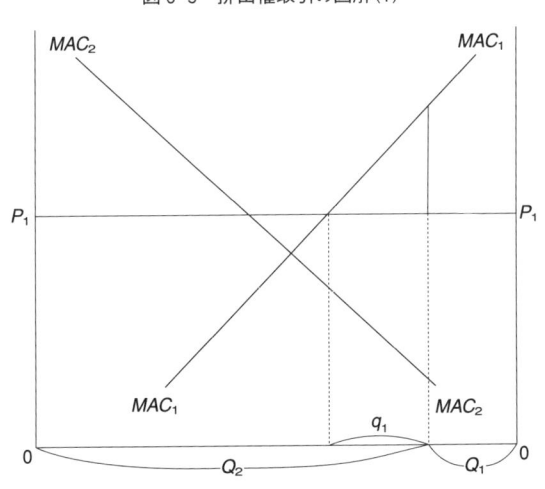

図6-3 排出権取引の図解(1)

図6-4 排出権取引の図解(2)

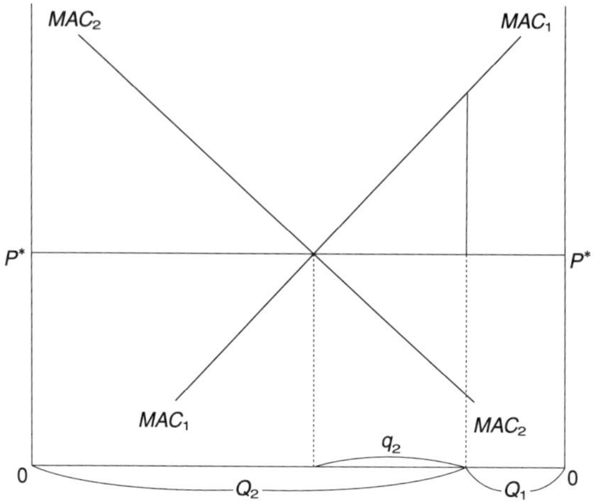

ってでも生産を拡大する動機を持つ．q_1 だけ排出権を買うと，削減費用は節約できる．他方で国2は，Q_2 の限界削減費用が P_1 よりも低いので，排出権を売って，排出を削減する動機を持つ．相互の取引を通じて国1は Q_1+q_1，国2は Q_2-q_1 の生産量に変化する．

しかしこれだけでは，国2は限界削減費用と価格が等しい点まで，生産を縮小していない．国1はこれ以上，生産を拡大する動機が働かないのに対し，国2はさらに生産を縮小する方が有利になるので，排出権を売ろうとする．そこで P_1 はしだいに低下して，P^* の水準にまで下がってようやく落着く．この場合を示したのが，図6-4である．言葉をかえていうと，各国は各々の限界削減費用が排出権の価格に等しいところまで，生産量を調整し，新しい生産量は各々に Q_1+q_2，Q_2-q_2 となる．この場合も，結局は，各国の限界削減費用と排出権価格が一致し，均衡するのである[19]．

---

19) このような事態を限界削減費用均等化原理（equimarginal principle）という．この原理に従うと，同一の削減量を最低の費用で実現できるという利点がある．Field (1997)，訳書，pp.5-6, 244-247．

とはいえ，排出権を買うことは，いわば社会に害を与える権利を買うことになり，倫理に反するという主張がある[20]．しかし，排出権はある財の生産高に対応するので，社会が一定の生産高，そして排出枠を許容する限り，排出行為それ自体を否定することはできない．その前提の下で，どの国に排出を認めるか，どのように排出枠を配分するかは，十分に考慮に値する問題である．取引をおこなう意義は，この排出枠の配分を社会的に削減費用を最小にする方向で実現する点にある．

倫理的な反撥を別にすると，排出権を買うことで弊害が生じるとすれば，削減への動機付けが弱まることであろう．あるいは，技術革新の可能性が，市場参加者に平等に存在しないときには，より技術力の高い参加者が排出権を買ってしまうと，新たな技術の開発が遅れるという問題が起りうる．そうしたときに社会的に削減の技術革新を進めるためには，排出枠を全体として縮小することが必要になる．この点は，地球温暖化との関連で，次の章であらためて取り上げることにしよう．

環境税の実施に関連した問題

価格メカニズムを利用する時に，もう1つの重要な政策課題は，それが課税であれ，排出権であれ，得られた収入をいかに使うかである．「税収中立性」の立場をとると，課税収入は他の減税財源に充てられる．そうなると一方で環境汚染が軽減され，他方で減税がおこなわれる．減税分をより積極的に，これまで種々の非効率性を温存してきた税制を改革する方向で運用すると，経済成長率はむしろ高まるかもしれない．こうした効果を合わせて「二重の配当」と呼ばれる．しかし同時に，次の点に注意しなければならない．炭素税によってエネルギー消費が抑えられたとしても，他方でそれ以外の生産要素，たとえば固定設備や労働に代替的な需要が発生することもある．そして設備の減価償却や所得税に不合理な点が残されていると，結果的に税制の「歪み」を増大させることになりかねない．「二重の

---

20) Stavins (2000), pp.449-452 に所収の論文を参照せよ．

配当」を実現するには，こうした点に十分な配慮をした税制改革が必要になるのである．

　もう1つ配慮が望まれるのは，所得分配への影響を最小限にすることである．一般にエネルギー消費は，とりわけ低い消費水準では，食糧の場合のエンゲル係数のように，所得弾力性がさほど大きくはない．その結果，炭素税は逆進税の性格をもつと考えられる．その対策として，新たに生じた税収を，逆進性を緩和する方向で低所得層への減税や補助金として使うこともできる．このように考えると問題はないようにみえるが，実は，「税収中立性」の原則から減税や資金の還流がおこなわれると，炭素税が本来意図していた削減効果を相殺する方向に働くことにも，留意しなければならない．

　低所得層が炭素税によって割高になったエネルギー消費を減少させても（マイナスの価格効果），他方で減税や補助金によって所得が保証されると，そのプラスの所得効果によってエネルギー消費は再び増えるからである．そして価格効果による減少と所得効果による増加のどちらが大きいかは一概にいえない．これと同じようなことは，増税分を利用した税制改革によって，経済成長が促進された場合にも当てはまるのである．

　もう1つ「税収中立性」に関わる問題がある．燃料への課税は，しばしば道路建設などに目的税化されているので，燃料税を炭素税に切り換えて，一般財源にすることができる．あるいは炭素税の税収を減税に充てる代わりに，その使途を環境改善に特定するという選択もある．いずれも，「税収中立性」の原則を踏み外すことになるが，後者の場合には，目的税による硬直化という批判がありうる[21]．

---

21) 排出権取引と炭素税について，天野（1997）第7, 8章，とくに環境税については，石（1999）．より広く環境政策として税制一般を論じるには，OECD（2001）などを参照．

6.3 環境価値の評価

　費用・便益分析による政策評価は，過去数10年の間に発展してきた市場メカニズムを利用した手法の1つである．しかしその前段階として，そもそも良好な環境から生じる便益を，どこまで価格に反映できるかという根本的な問題がいぜんとして残されている．環境は「非排除性」，「非競合性」という性格をもつ公共財なので，通常，市場では取引されない（できない）．だからこそ，価格付けが難しいのであるが，その価値（あるいは利用価値）を間接的に測定するいくつかの試みがあった．こうした手法が主として開発されたアメリカにおいてすら，以前は，経済学を応用した環境政策には賛否両論があり，その1つの反対論拠は費用・便益を計測するうえでの「非科学性」であった．とはいえ，いくつかの環境政策を費用の観点から比較検討することには，それなりの意味があることも事実である．いうまでもなく費用が最小で，便益が最大になる政策が好ましいので，費用・便益分析は政策当局によってしだいに重視されるようになったのである．1981年のアメリカ大統領令は，年間費用が1億ドルを超える規制案件には，必ず費用対便益の計算をつけることを命じた[22]．

　ここでは具体的にどのような方法があるかを，簡単に紹介することにしよう．環境価値を評価する際に，利用価値の中でも，たとえば自然資源を消費してえられる便益は数量化しやすいが，美しい景観を楽しむことになると，その扱いが難しい．そこで比較的分かりやすい方法として，自然環境を享受できる所まで出かける旅行費用（travel cost）から，環境価値を間接的に推定することがある．ここでいう旅行費用には，狭い意味での旅費ばかりではなく，入場料や現地まで出かける間の機会費用まで含めて考えることができる．

　あるいは，擬制的（仮想的）評価法（CVM : contingent valuation method）と呼ばれる方法では，アンケート（市場調査）を実施して，環境の貨幣価

---

22) Cropper and Oates (1992), 費用・便益分析に関する論争点は，たとえば Stavins (2000), 第4部に所収されている論文を参照．

値を判断する．具体的には，ある環境を享受する対価として支払う金額（WTP: willingness to pay），あるいは，逆の立場で環境被害を受け入れる補償額（WTA: willingness to accept）などを質問することになる．環境に対する個々人の評価（満足度あるいは不満足度）を客観的に計る方法は厳密にいうと存在しないかもしれないが，ともあれ支払う意思（あるいは受け入れる意思）を貨幣額で表現し，比較の基準とするのである．

　ある公共事業を企画するにあたって，WTPの合計がWTAの合計を上回っていれば，社会的に純利益が発生するとみなし，実施する意味があると判断される．あるいはいくつかの事業計画があると，そのなかで純利益が最大になるものが優先される．とはいえ，人びとが支払うことに同意する金額は各々の所得水準によって異なってくるだろう．社会的にWTPやWTAを集計すると，所得によって異なる値は平均化されて現れてくるが，もし所得分布や所得水準が変化すると，集計値も変わってくる．ある公共事業が妥当かどうかの判断は，このような所得面での変化が生じうる世代間では，異なったものになる可能性が否定できないのである[23]．

　このほかに労働市場や不動産市場から発展してきたヘドニック価格法（hedonic approach）と呼ばれる手法がある．たとえばこの方法を不動産に適用すると，価格を従属変数，価格に影響する種々の要素を独立変数にして，回帰分析し，環境要因の係数からその貢献度を計ることになる．これは要するに，環境要因を除く他のすべての要因が等しい条件にある不動産物件を選び，その価格差から環境価値を推定するのと同じことになる．価格に影響する要素としては，空気，水質，騒音，日当りなどの環境要因のほかに，学校，買物，通勤への距離など数限りなく分解が可能である．家屋であればその他に，建築年数や素材，間取りなども重要な要素になってくる．どこまで変数に含めるか，またそれらを他の諸要因から独立にどのように計測するかといった点に，技術的な難しさがある．

　被害の測定についても，間接的に計る方法はいくつかある．健康被害の

---

23) Cropper and Oates（1992）やField（1997），第7章，柴田（2002）などを参照．

> ### 死亡回避の費用
>
> 　費用・便益分析の要点は，種々の規制や政策のなかでどれが経済的に合理的かという判断の基準を提供することにある．その観点から極端な例を紹介してみよう．1995 年にハーヴァード大学のリスク分析センターが，アメリカで 1 人当り 1 年間だけ寿命を延ばすのに，どれだけの費用がかかるかを調査した．たとえば予防注射や，健康に関する情報を与えるといった保健サービスでは，この費用は 19,000 ドルである．ところが，汚染物の排出を削減するなど環境面での対策では，その費用は 420 万ドルにも達する．同じ効果（1 人 1 年間の延命）を生み出すのに，このように 200 倍以上もの大差が出たのである．
>
> 　限られた予算を使ってどれだけ多くの死亡数を減らすかという観点からすると，汚染物を減らす環境対策は非効率なことは明らかであるが，実際には広く採用されている．この調査によると，1993 年に支出された額をより有効に使っていれば，ほぼ 2 倍の寿命延長（60 万人の代わりに，120 万人当りに 1 年の延長）が可能になったとしている[24]．この調査の費用計算がどこまで実態を反映しているかについて判断することはできないが，社会的な意思（あるいは世論）と費用効率性との間にかなりのギャップがあることは間違いないだろう．

場合は，対策費用（医療費，大気汚染では空気清浄装置の費用など）や，失われた所得という意味での機会費用で計り，騒音・悪臭などの不快さは，不動産価格の低下から推定することもできる．しかし環境価値を推定する方法には，各々技術上の難しさがあることは否定できないし，また現実の政策決定が純粋に費用対便益の観点だけでおこなわれるわけでもない．

　先進諸国と途上国において環境悪化の被害額を推計した事例では，概して途上国にとって損失が大きく現れる．ややデータは古いが，たとえばブ

---

24) Lomborg (2001), pp.338-342.

ルキナファソ (1988年) で GNP の 8.8%, コスタリカ (1989年) で 7.7%, エチオピア (1983年) で 6-9% とみられるのに対し, ドイツ (1990年) では 1.7-4.2%, オランダ (1988年) では 0.5-0.8% であった. ここにあげたアフリカやラテンアメリカの途上国では, 環境保護政策が立ち遅れているので, 被害の発生件数が多くなることは十分予想できる. 被害額それ自体は必ずしも大きくはないかもしれないが, 先進諸国よりも GNP の規模が小さいので, その相対的な比率は大きくなるのである[25]. そしてこうした諸国では, 貧富の差が大きく, 環境悪化の被害をより多く受けるのは貧困層である.

6.4 市場メカニズムによる解決の限界

以上のように, 市場メカニズムを利用することがさまざまに試みられてきたが, いうまでもなくこうした手法が万能というわけではない. 第1に, 適切な社会的費用 (課税水準) を知ることが難しいとか, その他さまざまな情報費用が存在することを合わせて考慮すると, 実際に費用を最小化できるかどうかは疑わしくなる. 第2にさらに重要な点は, 仮に費用最小化という目的では効果があったとしても, それ以外の政策目標といかに調和させるかという, もう1つ大きな疑問が残されることである.

最適汚染水準

ある財の生産が環境汚染をもたらすと, 社会的にどの水準まで生産することが適切であるか, という問題を立てることができる. 汚染被害を少なくすればするほど, 社会には便益が大きくなるが, 他方で汚染を削減するには費用がかかる. あるいは汚染に結びつく生産物の供給が減ることも, 社会的には効用減少という意味での費用がかかると考えることもできる. どの点まで生産 (あるいは汚染を削減) することが社会的に好ましいかと

---

25) Pearce and Warford (1993), p. 28. 熱帯雨林の計測は, 同書, p. 115 以下.

図 6-5 最適汚染水準の図解

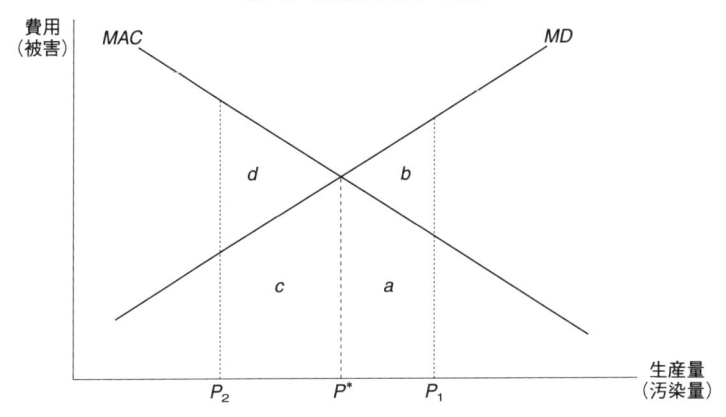

いう問に対する答えが,最適汚染水準という概念である.

図 6-5 に示されるように,限界削減費用曲線(MAC)は,すでに説明したように,右下がりになる.限界被害曲線(MD)は,汚染度が大きくなればなるほど,その被害額は逓増するとみられるので,右上がりで現れる.この交点より右側にくると,限界被害が限界削減費用を上回るので,汚染度を下げる動機が働く.逆に左側に来ると,限界費用が限界被害を上回るので,汚染度を下げる動機は働かず,汚染が増える方向へ戻る.結局のところ,2 つの曲線の交点(P^*)に落着くのである.

この最適汚染水準は,社会的被害と社会的費用の合計を最小化する汚染(したがって生産)水準といいかえることもできる.限界削減費用の累積値は右側から計るので,P_1 の点では,削減費用の合計は P^* よりも a の面積だけ減少する.その一方で被害額は $a+b$ だけ増えるので,差し引き b に相当する額だけ純増となる.逆に P_2 の点では,P^* に比べて被害額は c だけ減少するが,削減費用は $c+d$ だけ増加するので,結局,d の部分だけ純増となる.したがって P^* が最適の水準となるのである[26].

---

26) 植田 (1996), pp. 98-99, Field (1997), 訳書, pp. 105-106.

以上の命題は，たしかに社会全体の見地からすると妥当する．しかし，被害を受ける人と費用を負担する人とが一致しないことに，複雑な問題が残る．汚染者は自己の利益を最大化する行動をとるが，その行動によって，社会的被害を最小化する結果を必ずしも目指すわけではない．汚染の限界削減費用と限界被害を比較考量しながら生産量を調整すれば，たしかに社会的には望ましい．しかしそうした行動は個別企業の利害関係から直接には出てこないのである．

コースの定理

　この問題に関連しているのが，1991年にノーベル経済学賞を受けたコース（Ronald H. Coase）の名前を冠した，有名なコースの定理（Coase Theorem）である．ある企業の生産活動によって汚染が発生し，被害を受ける人がいたとしよう．被害者が，その対価を汚染企業に支払って生産（汚染）を減少してもらうか，あるいは，汚染者が被害に相当する補償を被害者に支払って同じ生産水準を保つかは，制度的には大きな違いがある．しかし実際に汚染を適正な水準に保つ効果となると，いずれの方法によっても変わりがないというのが，この定理の核心である．

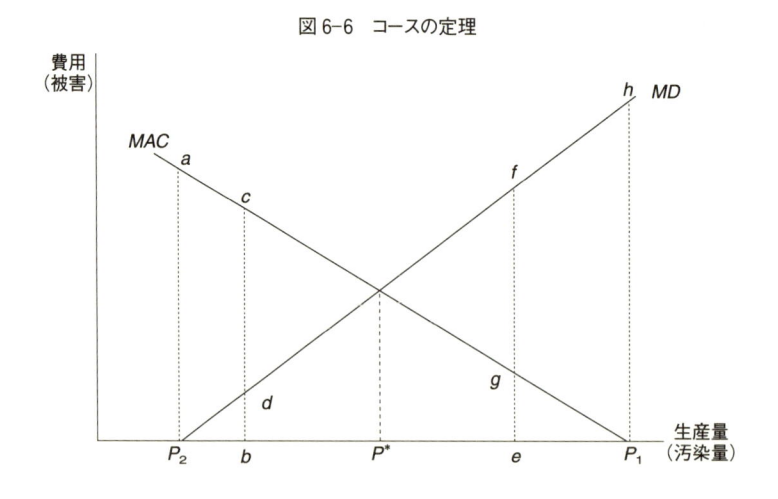

図6-6　コースの定理

図6-6を使って説明することにしよう．もし被害者に環境権が認められていると，汚染被害が最小になるようにP_2の水準を要求する．しかし企業が三角形P_2dbの保証費用を払ってb点まで生産を拡大すると，台形aP_2bCの削減費用が節約できるので，差し引き台形aP_2dCの面積だけの利益がある．こうした交渉を続けていくと，企業は限界削減費用と限界被害額が等しい点，P^*の生産（汚染）量に落着くのである．逆に汚染者に権利が認められている場合では，何の交渉もおこなわれないと，生産（汚染）量は限界削減費用がゼロとなるP_1となる．このとき，被害者は三角形P_1geの削減費用を立て替えて生産を減少してもらったほうが，台形面積P_1hfgだけの純利益がえられる．このように費用対便益を考慮して交渉が続けられると，この場合も結局，汚染者の生産高はP^*の水準に落着くのである．

　この定理の政策的な含意は，環境価値もしくは生産活動に所有権（財産権）さえ設定すれば，あとは政府が介入しなくとも，当事者間の交渉に任せることで，最適な生産（汚染）水準が達成されるということにある．あるいは別の形で表現すると，当事者間の交渉で導かれる最適な資源配分は，当初どのように所有権が配分されていようと，それには関係がないということになる[27]．政府の過剰な介入に対して警鐘を鳴らす意味をもっている．

　しかしこの定理には重要な前提条件があることを忘れてはならない．すなわち第1に，取引費用はゼロ，もしくは「完全情報」がその条件であり，現実にはこの条件は満たされない．取引費用には当事者を特定し，交渉の場を設定する費用や時間が含まれるが，当事者の数が大きくなればなるほど，この費用は巨額になる．汚染者と被害者の間で取引費用に差があったり，あるいは費用に差がなかったとしても，その負担能力に違いがある場合には，当事者の交渉に任せることで，好ましい解決に至るとは限らない．

　また第2に，負担能力に関するより重要な点として，補償金を被害者が

---

27) 以上の説明は，天野（1997），p.35以下，柴田（2002），p.131以下などを参照した．コースの論文，Coase（1960）は，Stavins（2000）に収められている．彼自身は，政府介入の必要性を論じたPigou説を批判する点に，この論文の意義があったとしている．
http://www.nobel.se/economics/laureates/1991/cpase-lecture.html

払うか，汚染者が払うかは，所得分配への影響はまったく逆になるが，その点はさしあたり度外視していることである．この定理の要点は，当事者間の交渉に任せることで，汚染度を望ましい水準に導くことができるということにつきる．しかしいうまでもなく，所得分配にどのような効果が発生するかは，現実に重要な意味をもつので，その点を離れて実際の政策を論じてもあまり意味がない．

　汚染者負担原則（PPP）が重視されるのも，被害者が社会的に弱者であり，汚染者がたとえば大企業のように強者であるという，現実の状況が反映されている．とりわけ日本では，汚染者負担原則が事実上，汚染者を処罰する「正義」の原則のように理解される傾向があった[28]．それは，四大公害訴訟にみられるように加害者と被害者の間に大きな経済力の格差があったことによる．だからこそ政府の介入が必要になるともいえるだろう．たとえば費用を最小化したことで生じる余剰を，被害の救済に支出することができれば，効率的な生産と所得再分配という2つの目的を調和させることになる．

　もっとも，被害者が弱者であり，汚染者が強者であるという前提が無条件に成立しない場合もある．最近は準工業地帯にまで高級マンションが建設され，引越してきた住民が周辺の中小企業に対して騒音や悪臭の差し止めを要求することがある．この場合，本来，準工業地帯では操業を認められている中小企業が弱者であるとすると，高級マンションの住人が補償費用を支払って，工場の操業短縮を要求した方が公平の観点にふさわしい．

　以上のように市場を利用した環境問題の解決にはさまざまな限界があることを忘れてはならない．その理由は，市場メカニズムが十分に働くには，かなり厳しい前提条件が必要になるからであり，そうした条件を考慮したうえで適用しないと，「机上の空論」に終わってしまう．とりわけ市場の制度や経験が十分に育っていない発展途上国に適用する場合には，慎重な吟味が必要になるのである．また効率性や資源の最適配分を重視するにして

28）　宮本（1989），p.215以下を参照．

も，通常の理論モデルには動学的な要素が組み込まれていないことが多い．環境のように長期の変化が大きな意味をもつ場合には，このような方法の限界が現れやすい．もう1つの限界は，排出権取引の例にみられるように，たがいに対等な市場参加者を想定していることである．完全競争を前提にしているといってもよいが，これも現実の世界で現れている状況とは大きな距離がある．たとえば地球環境問題にしても，市場メカニズムによる解決策が広く提言されているが，そこに理論と現実のギャップがどのように現れているかは，次章であらためて取り上げることにしよう．

問われる価値観

　市場メカニズムによる解決を評価するにあたって，最後に重要な点を指摘しておこう．それは，市場メカニズムに委ねることで期待できる利点は，与えられた資源や生産要素の賦存量の下で，人びとの効用を最大化したり，費用を最小化したりすることにあり，それ以上でも以下でもないことである．むろん効用といっても，物質的な満足に限定されるわけではなく，生活の「質」とか「快適さ amenity」といった要素を含めて考えることはできる．しかし何を，どこまで効用に含めるかの価値判断は，主流派の経済学では排除している．さらに「公平」とか，そもそも何が「善」で，何が「不正」であるとかいった点になると，市場メカニズムの外で，各々の人が判断するしかないのである．

　自然と人間との関係についても価値観が大きく分かれる．それは自然を征服すべき対象としてみるか，自然との調和を重視するかという違いになって現れてくる．この違いは，西欧近代の合理主義と東洋の伝統思想とに対応させることができるかもしれない．その点は，『スモール イズ ビューティフル』を著したシューマッハーが東洋やインドの思想に理想を求めたことが象徴的である．しかし物質優先の文明に限界があるとの認識が所得水準の高い欧米諸国から広がり，その一方で多くの発展途上国が「開発の権利」を主張しているという現実がある．環境クズネッツ曲線の議論がここにも当てはまるかもしないが，ともあれこうした価値観を判断する手掛

りは，市場メカニズムの働きからも，またそれを分析対象とする主流派の経済学からも出てこないのである．

第7章
地球環境問題

気候変動枠組み条約京都会議：温暖化防止へ第一歩．
(1997年12月，毎日新聞社提供)

7.1 問題の登場

地球環境問題はどのように取り上げられてきたか

　なぜ地球環境問題がある時点から意識されるようになったのだろうか，またある時点とは具体的にはいつを指すのだろうか．このような疑問に答えることは実は簡単ではない．1つの説は，ある時点とは1980年代から1990年代初めにかけてであり，冷戦の終結により従来の東西対立に代わって，東西に共通な地球規模の問題が浮上したことである．あるいは，新たな国際政治の舞台で主導権を握るという動機が大国に働いていたことを重視する．象徴的には，イギリスのサッチャー首相とソ連のシャワルナゼ外相がほぼ同時に，地球環境への取り組みが緊急の課題であると発言したことがある[1]．しかしこれだけではまだ説得力に乏しい．

　とういうのは，環境問題への関心は，広く世界的に1970年代から生れていたからである（表7-1を参照）．『成長の限界』（1972年）が反響を呼び起こしたのは，その1つの現れであり，同じ年にはストックホルムで国連人間環境会議も開催された．ストックホルム会議では，先進諸国が高成長の裏側にある公害問題に関心を集中させたのにたいし，発展途上国は，貧困の解消策として，よりいっそうの成長を求めるという対立がみられた[2]．この対立は，1992年のリオデジャネイロの地球環境サミット（正式には国連環境開発会議 UNCED : United Nations Conference on Environment and Development）につながっていくのである．それはともかく，1970年代の関心は地域的に限定された公害問題に集中しており，地球環境という認識はまだ弱かったことがしばしば指摘される．

　たしかに『限界』説は，地球規模の資源制約に警鐘を鳴らしてはいたが，その後，批判が多くよせられたように，地球環境に関する危機意識は一度

---

1) 米本（1994），Porter and Brown（1996），訳書，p.34-36.
2) ストックホルム会議からリオ会議にいたる経過については，内藤・加藤（1998）.

表 7-1　地球環境問題：年表

1972 年	ローマクラブ『成長の限界』
	ストックホルム国連人間環境会議，国連環境計画（UNEP）の設立
1973 年	第一次石油危機
	野生動植物の国際取引に関するワシントン条約
1979 年	米　スリーマイル島で原発事故
	第1回世界気候会議（ジュネーブ）
	第二次石油危機
1985 年	オゾン層保護のウィーン条約
	UNDPとWMO（世界気象機関）共催によるフィラッハ会議
	（温室効果ガスの気候変化に及ぼす影響の評価に関する会議）
1986 年	チェルノブイリ原発事故
1987 年	モントリオール議定書（ウィーン条約の具体化）
	世界人口50億人超える
	ブルントラント委員会『われら共通の未来』
1988 年	IPCCの結成
1989 年	パリ（アルシュ）サミットで地球環境が議題になった
1990 年	第2回世界気候会議（ジュネーブ）
1992 年	リオデジャネイロ　地球環境サミット
	気候変動枠組み条約，生物多様性条約，アジェンダ21
1994 年	国際人口開発会議（カイロ）
1995 年	国際社会開発サミット（コペンハーゲン）
1997 年	アジア通貨危機
	気候変動枠組み条約第3回（COP 3）京都会議
	京都議定書　締結
1999 年	世界人口60億人超える
2000 年	気候変動枠組み条約第6回（COP 6）ハーグ会議　京都議定書に合意がえられず
2001 年	COP 6再会合　ボン会議　同議定書　採択
2002 年	環境・開発サミット（ヨハネスブルク）

資料：米本（1994）ほか．

は後退した．しかしより正確にいうと，しだいに危機意識の質が変わってきたのである．変化の直接のきっかけは必ずしも明瞭ではないが，1979年には第1回世界気候会議がジュネーブで開催されたように，気候変動に人びとの注目が集まるようになった．それと一部は重なりながら，1980年代にフロン（クロロフルオロ・カーボンCFCs）のオゾン層破壊にも関心が集中した．このような変化は，石油危機後にむしろ石油が過剰気味になり，資源問題が後景に退いたこと，逆にエネルギーの過剰消費から派生する副作用に関心が移行したことにも関係している[3]．

　リオ・サミットは，環境問題が地球規模で取り上げられるうえで画期的

---

3)　植田・落合ほか（1991）第13章．

な出来事であった[4]．その成果としてとりまとめられたアジェンダ21は，「持続可能な開発」を実現するための行動計画であり，ここには現在にまで続く主要な問題が出つくしている．具体的には，途上国における貧困の解消と自然資源の保全，大気・海洋の汚染防止，有害化学物質の適正な管理，技術や資金の移転促進，国際機構の整備など多岐にわたるが，注目すべきは，先進諸国に対して「持続不可能な生活様式」の変更が求められたことである．

フロンやCO_2など温暖化ガスの影響は累積効果による．これまで化石燃料や化学物質を大量に消費してきたのは先進諸国なので，まず責任を負うべきは先進諸国であるとの主張が出てきたのである．もう1つの事情として，南の諸国が経済開発を「権利」として主張した背景には，途上国のなかでも中南米の重債務国が1980年代から経済の低迷（「失われた10年」）を経験していたことがあった．

以上のような経過をふり返ってみると，地球環境問題がなぜ浮上してきたのかという問いに対する答えは，やはり「成長の限界」という問題意識が底流にあったからというべきであろう．もう1つの要因として，「南」の諸国の発言力がいっそう強くなったことも軽視できないが，彼らの声に「北」の諸国が反応したのは，戦後の高度成長に対する「文明論」的な反省が醸成されていたことによる．シューマッハーの著作が世界的に反響を呼び起こしたことはすでにふれたが，ヒッピーの思想が流行したのも同じような背景から理解することができる．しかしアメリカに代表される大量消費社会に対しては，反撥ばかりではなく屈折した願望も共存している．それはたとえば「奇跡の成長」をとげた東アジアに典型的に現れているが，他の発展途上国にも，さらに西欧社会にも少なからず見出せる．だからこそ「持続可能性」の実現には一筋縄ではいかない，難しさがあるのである．

次節では地球温暖化問題を論じることにするが，その前にここではそれ以外に注目を集めた地球規模の環境問題を簡単にふり返っておこう．

---

[4] リオ・サミットにおける先進国と途上国の対立点は，Porter and Brown (1996)，訳書，第4章が詳しい．

オゾン層破壊

成層圏のなかにあるオゾンは，宇宙から地球に降りそそぐ紫外線や放射線を防ぐフィルターの役割をはたしている．ところが冷房機，冷蔵庫や電子工業部品の洗浄に使われるフロンガスは，紫外線により分解されると，塩素を発生させオゾン層を破壊する．このような危険性は1960年代末から科学者が指摘し，国連環境計画も1970年代後半から関心を払っていたが，1986年に南極上空のオゾンホールが発見されたことで，広く世界の関心を呼ぶようになった．

オゾンの減少は地表に届く紫外線を増加させるので，一方で皮膚ガンや白内障を増加させたり，他方で植物の生育を妨げ，農作物の収穫を減少させることにつながる[5]．1987年のモントリオール議定書では，1998年までにフロンガスの消費量（生産量）を1986年の半分にすることで国際的な合意ができた．さらに1990年にロンドンでモントリオール議定書が改正され，2000年までに全廃することになった．

ここで重要な点は，温暖化ガスに比べてフロンガスの規制が比較的容易におこなえたのはなぜかである．フロンガスの使用が規制されても，それは国民生活の一部に影響が及ぶに過ぎず，CO_2の排出削減にともなう波及効果に比べて，かなり小さいことが1つの理由である．もう1つの理由は，フロンの代替物であり，オゾン層の破壊がほとんどみられないハイドロ・クロロフルオロ・カーボン（HCFCs）が短期間のうちに開発されたことである．フロンガスの脅威も予測の不確実性という点で温暖化と共通する面はあるが，第3の理由として，被害者（オーストラリア）と加害者がともに先進諸国である点で解決しやすかったという説もある[6]．

生物多様性

リオの地球環境サミットでは，地球温暖化とならんで生物多様性が討議

---

5) Field（1997），訳書，p.363以下．
6) この点について，Lipietz（1995）が鋭い論理を展開している．

の大きな焦点になった．生物多様性を保存することには種々の意義がある．各々の生物種には固有の存在価値があるとの原理原則を強調する立場もありうるが，実際の経済的利益として大きいのは，熱帯雨林の植物から新薬が開発されることである．この問題は，資源保有が「南」の諸国，その使用者（製薬，アグリビジネス企業）が「北」の諸国という点で，南北間の利害対立をはらんでいる．しかし「南」の諸国の内部でも，開発を優先するか，自然を守るかという原則上の対立が残されている．マレーシアやブラジルのように「開発」を優先する新興市場国は，多様性の保存に概して消極的である．一般に，自然資源への依存によって生活する人びとは，工業国よりも途上国に，また所得水準の高い層よりも低い層に多いので，自然資源の保存は，さしあたり途上国において貧困層の生活を安定させることにつながる．その一方で，この自然を経済的に開発することで利益を得るのは，資金や技術をもつ企業や投資家層に偏りがちなので，生物多様性の保護は所得分配の問題に通じてくる．エコツーリズムのように，自然を経済的に活用することも可能ではあるが，そうして生れる利益が途上国の貧困層にまで行きわたるかどうかは，他の政策的な配慮による．

酸性雨

酸性雨は，地球規模の問題とは対照的な，地域的な環境悪化の例である．1981年に西ドイツの週刊誌が酸性雨による森林被害を取り上げたことで，大きな反響を呼び起した．化石燃料の使用によって発生する SO_2, NO_x などが，大気中で硫酸や硝酸に変化し，雨とともに地表に降りそそぐと，森林の樹木を枯らせたり，河川や湖水を酸性化したりする．水質が酸性化すると，水生生物を減少させたり，植物や農作物に被害を与える．その被害の範囲については論争もあるが，北米，ヨーロッパ大陸，東アジアなどに集中的に現れている．たしかに地域的な環境問題ではあるが，汚染物質が国境を越えて飛来することが多いので，国際的な解決を要する問題になりやすい．日中間では中国で発生する SO_2 対策が懸案になっているが，どの程度の量

が日本に飛来しているかについて，両国の間で認識の違いがある．アメリカでは，酸性雨対策の一環として SO_2 に排出権取引が導入されている[7]．

7.2 地球温暖化

　地球温暖化問題は，科学者の主張が世界の政治を動かしたという点で特異な事例である．気候変動にたいする国際的な関心はすでに 1970 年代の終わり頃から高まっていたが，こうした状況を背景にして，1988 年に IPCC (Intergovernmental Panel on Climate Change，気候変動に関する政府間パネル) が設立された．この組織は，国連決議を受けて世界気象機構と国連環境計画によって設立されたが，各国政府を代表しているわけではない．人為的起源による気候変動に関して科学的な評価をおこなうことを任務とし，1990 年に第 1 次報告書，2001 年に第 3 次報告書を発表した．温暖化のメカニズム，CO_2 と温室効果との関連や，炭素循環などに関する議論はそれ以前からおこなわれていたが，この IPCC の報告書は，科学者の知見を政治化するという点で画期的な意味をもっていた．リオ・サミットで採択された気候変動枠組み条約 (United Nations Framework Convention on Climate Change：UNFCC) も，IPCC の第 1 次報告書が基礎を築いたということができる[8]．

地球温暖化はなぜ起るか

　太陽光の熱エネルギーは，地表からの放射熱となって，一部は宇宙空間に逃げて行くが，残りの大部分は，大気内で吸収・放射が繰り返され，保存される．それは温暖化ガスが温室のガラス（スクリーン）のような働きをして，熱の流れを阻害するからであり，その結果，大気温度が上昇する．温暖化ガス (Green House Gas, GHG) の成分は，CO_2 の他に，メタン (CH_4)，

---

7) Tietenberg (2000)，p.389 以下は，アメリカにおける酸性雨問題の認識と対策に関して詳しい．外交との関連については，安成・米本 (1999)，p.127 以下．
8) Bolin (1998)．ボーリンは IPCC の議長を務めたことがある．

フロン（CFC-11, CFC-12），亜酸化窒素（N_2O）などであるが，このなかで圧倒的に大きな割合を占めるのが CO_2 である．その温暖化への寄与度は短期で 76％，長期的には 95％ とみられている．長期の寄与度が相対的に大きいのは，CO_2 が 50-200 年ときわめて長期にわたり大気中に保存されることによる．

人為的起源の CO_2 発生量は，年間約 70 億トン，この内で大気中に蓄積されるのが 34 億トン，海洋に吸収されるのが 20 億トンとみられているが，残る 16 億トンの行き先が不明である．この部分が結局どこに帰着するかをめぐって議論がある．人為的な年間発生量 70 億トンの内で，54 億トンは化石燃料の燃焼が原因であり，森林の喪失による増加が 16 億トンに相当するといわれている．このように人為的な CO_2 が蓄積される結果，大気中濃度は年々 0.5％ 増加している[9]．世紀を通じて大気温度は 0.5℃ 上昇したとされるが，その内約半分の変化は過去 50～60 年の間に生じたといわれる．IPCC 第 3 次報告書によると，現状を放置したときに，2100 年の気温は 1.4～5.8℃ 上昇するといわれる．第 2 次報告書では 1.5～4.5℃ の上昇と推定していたので，やや上方修正されたことになる．

温暖化の影響

とはいえ地球温暖化は，社会の注目が集まっている割には，不確実な点が多いことも事実である．気候の変動にはある種の周期性がみとめられるので，そもそも温暖化が傾向的に進んでいるのかという疑問すら出されている．イギリスが産業革命を経過した 18 世紀末，もしくは 19 世紀初頭から化石燃料の消費が増え，大気中への CO_2 排出も 19 世紀の後半から増える傾向が定着した（図 7-1）．しかし図 7-2 で示されるように，気温の上昇が 19 世紀の半ばから一貫して持続していたわけではない．最近の気温上昇が目立つのは 1980 年代からであり，それ以前 1940 年代半ば以降の数 10 年間はむしろ低温基調であった．あるいは 1920 年頃から明らかになった上昇傾

---

[9] 詳しくは，天野（1997），第 5 章，Bolin（1998）を参照．

図 7-1　世界の化石燃料による CO_2 排出量（1750-2000 年）

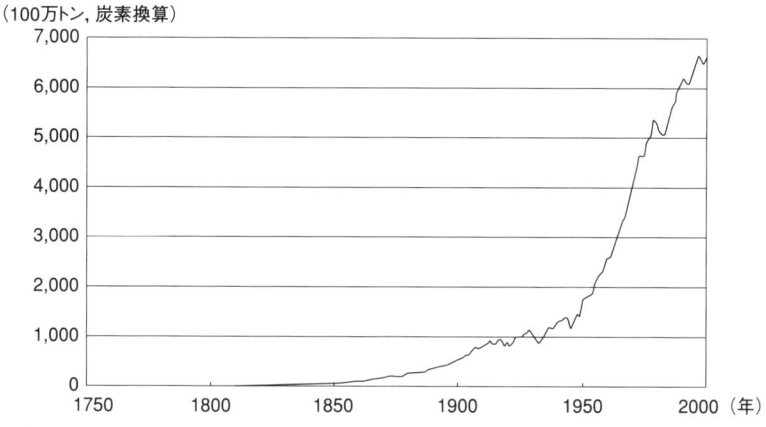

（100万トン，炭素換算）

資料：http://cdiac.esd.ornl.gov/trends/emis/tre_glob.htm

図 7-2　地球の大気温度

出所：Watson *et al*. (2001) による．
註：1961-1990 年の平均気温を基準とし，そこからの乖離幅（℃）を示す．

向に，循環的な波動が重なっているようにもみえる．循環的な波動がなぜ生じるかに関しての議論もあるが，それは別にしても，温暖化ガスの増加と大気温度の上昇との間に，どこまで有意な因果関係が成立するか，予想される被害や必要とされる排出削減量について，どの程度の確実性をもって予測が可能かといった，きわめて重要な点にも疑問が残されている．

7.2　地球温暖化

一般に温暖化によって予想される被害として,次のようなものが指摘されている.
- 天候不順,具体的には嵐,干害,洪水の増加
- 極地の氷が溶けて海面上昇
- 農産物の減収
- 自然生態系の変化,生物多様性の喪失
- 熱帯性伝染病,熱射病の拡大

温暖化による被害をどのように予測するかに関しても意見が分かれるので,被害額の推定となるとさらに困難をともなう.たとえば大気中のCO_2が倍増したときにアメリカ経済に及ぶ被害額を推定した結果によると,500億から670億ドル(1985年価格)の幅があり,GNPに対しては1～1.3%の間であった[10].Lomborg(2001)によると,水位上昇に対抗したダム建設,耕作の転換など直接の対策費用に,それでも回避できない被害額を合わせて,世界全体のGDPに対して年間1.5～2.0%,4,800～6,400億ドルと推定される.この中で先進国の被害はGDP比で1～1.5%にとどまるが,発展途上国では2～9%と相対的に大きくなる.温暖化による影響が途上国に多く集中するうえに,GDPの規模が先進諸国よりも小さいので,被害額の相対的な規模が大きくなるのである.

被害額の推定に大きな幅がある1つの大きな理由は,地球温暖化の影響についてまだまだ不確実なところが多いことである.たとえばロシア,カナダなどのように,永久凍土(ツンドラ)が溶けると耕地面積が拡大するという点で恩恵を受ける国もある.しかし他方では,既存の耕地が乾燥によって砂漠化するという被害も予想される.したがって世界的には,食糧は減産になるか,増産になるかは確定できないともいわれる.

しかし,温暖化による影響は一度発生してしまうと,取り返しがつかないという意味での「リスク」があることも無視できない.ツンドラはメタ

---

10) Nordhaus (1995), Table 1.

ンを吸収しているので，これが溶けると空気中にメタンが放出され，温暖化がさらに進行するという警告もある[11]．温暖化とツンドラの減少とが循環的に進むと，どこかでこの循環は止まるのかどうか，もし止まるとすれば，そのときの気温はどの程度になるかといった疑問が次々に浮かんでくるが，こうした疑問に満足な答えは出ていない．

より大きな問題は，温暖化で極地の氷が溶け海面が上昇すると，ガンジス河口のベンガル地方（インド，バングラデシュ）や太平洋諸島のように，所得水準の低い諸国が被害を受けることである[12]．水没する地域（国）の住民が，新たに農耕や居住が可能になった地域（国）に移動できれば，たとえ問題が残るとしても，解決の方策はある．しかし現実には土地の所有権や国境が妨げになり，そうした解決策は実現性に乏しいので，結果は，行くあてのない環境難民の大量発生である．

IPCCの議論を受けて採択された気候変動枠組み条約は，温暖化ガスの排出量を1990年の水準で安定させることを定めた．しかし枠組み条約（convention）という性格上，条約（treaty）とは異なり，締約国は一般的な原則や目標，規範について合意するのみであった．その詳細については，将来の議定書（protocol）に委ねるという方式をとり，各国ごとの削減目標はその後の締約国会議（COP: Conference of Parties）で決めることになった．そしてようやく1997年に，京都で開催された締約国会議（COP3）の議定書で目標が明示されるという経過をたどったのである．京都議定書は，その後，2000年11月のハーグ会議（COP6）で細目の合意を目指したが決裂し，2001年7月のCOP6の再会合（ボン会議）でようやく採択された．

京都議定書[13]

京都議定書の内容をやや詳しくふり返っておこう．

---

11) 耕地面積の予測は，たとえば岡本・川島ほか（1998）．ツンドラが溶けたときの影響は，安成・米本編（1999），第7章，pp. 198-199．
12) 厳密にいうと，オランダのように所得水準の高い国も被害を受ける．しかし高所得国の場合は，水没対策に必要な資金を手当てできる可能性が大きい．
13) 京都議定書の内容は，http://www.env.go.jp/earth/ondanka/mechanism/kpeng_i.pdf による．

第1に CO_2 排出削減に数値目標を定めた．具体的には，1990年の排出量を基準にして，各国ごとに削減目標を定め，この目標を2008年から2012年の間に達成することにした．ただし数値目標は，付属書Ⅰ国（先進諸国と旧ソ連・東欧諸国）に限り，途上国には削減義務を課していない．先進諸国の歴史的な責任という途上国の意見に配慮したからである．表7-2に示されるように，先進諸国でもっとも削減率が大きいのは，EU（ヨーロッパ連合）に属するルクセンブルク，ドイツの20％以上である．しかし，バブルといわれる方式で，EU加盟国の間で削減量の相殺を認めており，EU全体としての削減量は8％になる．次いでアメリカが7％，日本は6％という順になる．たとえば日本は1990年の排出量，12.3億トン（CO_2換算）を基準にし，その94％である11.6億トンが達成目標になる．
　このような目標がどの程度まで達成可能であるかについてはさまざまな

表7-2　先進国(付属書Ⅰ国)の数値目標

EU 加盟国			市場経済移行国			左記以外の国		
国	数値目標	基準年排出量	国	数値目標	基準年排出量	国	数値目標	基準年排出量
ポルトガル	27%	64	ロシア	0%	3,040	アイスランド	10%	3
ギリシャ	25%	107	ウクライナ*	0%	919	オーストラリア	8%	423
スペイン*	15%	308	ハンガリー*	-6%	102	ノルウェー	1%	52
アイルランド*	13%	53	ポーランド	-6%	564	ニュージーランド	0%	73
スウェーデン	4%	69	ブルガリア*	-8%	157	カナダ	-6%	612
フィンランド	0%	75	チェコ*	-8%	190	日本	-6%	1229
フランス	0%	554	エストニア*	-8%	41	アメリカ	-7%	6,070
オランダ	-6%	219	ラトヴィア*	-8%	36	スイス*	-8%	53
イタリア	-6.5%	520	リトアニア*	-8%	52	リヒテンシュタイン*	-8%	0.3
ベルギー	-7.5%	137	ルーマニア*	-8%	265	モナコ*	-8%	0.1
イギリス	-12.5%	745	スロバキア	-8%	76			
オーストリア	-13%	77	スロベニア	-8%	19			
デンマーク	-21%	70						
ドイツ	-21%	1,211						
ルクセンブルク*	-28%	13						
EU 全体	-8%	4,223						

出所：環境省の資料，注13)による．

註：各国の基準年排出量（単位：100万 $t-CO_2$）は，気候変動枠組み条約事務局が公開している排出量のデータから計算したものであり，正式な値ではない．特に*印の国については HFCs, PFCs, SF_6 の排出量が不明．また市場経済移行国については，二酸化炭素等の排出量について1990年以外の年を選択することが認められている．中国，インド，ブラジル等の途上国には，数値目標はない．

議論がある．概して産業界は悲観的であるが，一部に楽観的な見通しもある．1つの楽観的な見通しによると，全世界のCO_2排出の内で約50％は産業が発生源になっているが，先進諸国は既存の設備を最新の技術に置きかえるだけで，1990年の水準よりも25％以上も産業からの排出を削減できる．すなわち，全世界の排出量にたいして，9％強の削減が可能であるというのである[14]．

第2に京都メカニズムと呼ばれる方式によって，排出削減を円滑に進めるために国際的な協力ないし協調行動を組みこんでいる．具体的には，共同実施（JI : Joint Implementation），クリーン開発メカニズム（CDM : Clean Development Mechanism），そして締約国間の排出権取引などの措置がそれである．最後の排出権取引は，先進国（正確には，前述の付属書 I 国）の間で2008〜2012年の期間におこなうことになっている．

共同実施は先進国（付属書 I 国）間でおこなわれる排出枠の移転であるのに対し，クリーン開発メカニズムは，先進国と途上国の間で実施されるという違いがある．しかしそのねらいは，総排出枠を変えずに技術移転を促すことで共通している．炭素税や排出権取引の内容はすでに第6章2節で説明したが，炭素税に相当するエネルギー税は，すでに北欧4国とオランダなどが導入している[15]．

排出権の配分には，最初から入札制をとる方法と，まず一定量を各国に割当て，過不足の残余を取引する方法の2つがある．前者に比べて後者は取引の規模が小さく，それにともなって取引費用を節約できるという利点がある．これは温暖化ガスの排出権を全世界で取引する場合には，とりわけ重要な点である．そこで排出量を何を基準にして配分するかが大問題になる．経済規模や最近の排出量といった実績が基準になるか，あるいは1

---

14) Bolin (1998), p.357 によると，産業による排出の約4分の3が先進諸国からであり，その部分だけを取り出すと，世界の全排出量に対して約38％を占める（50％×0.75 ＝37.5％）．その4分の1以上の削減が可能だとすると，全世界の排出量は9％以上低下することになる（37.5％×0.25＝9.4％）．

15) 天野 (1997), 石 (1999).

人当りの排出量を各国で等しくするという平等方式か，というのが原理的な対立点になる．

　全地球的な「公正」という視点からすると，後者の平等方式はたしかに重要ではあるが，実現可能性を優先させると，前者の実績に基づく方式に落ち着くしかない．1人当り排出量が少ない途上国では急速に排出量を増加させることは期待できないし，逆に，現在の排出量が多い先進諸国で発展途上国と等しい水準にまで削減することも現実には不可能だからである．アメリカなど先進諸国で平等方式が受け入れられないのは，既存の設備や住居，公共交通網など社会的インフラの再構築の費用があまりに巨額になることが最大の理由である．しかし排出実績を基準にすると，先進諸国の間でも，それまで削減努力を続けてきた国が不利な扱いを受けるという難点がある．京都議定書をめぐる駆け引きにも，こうした利害関係が影を落していた．

　すでに第4章1節で紹介した議論を応用すると，CO_2 の排出削減は必ずしも経済成長を抑制するとはかぎらない．しかし温暖化のメカニズムやその結果についての不確実性を前提にすると，排出削減の便益に比べて費用があまりに大きいとの説は根強くある[16]．アメリカ政府が京都議定書に否定的な態度をとるのも，こうした考えが背景にあることはいうまでもない．Nordhaus（1995）は，CO_2 排出量を1990年の水準で固定化する場合には，世界のGNPが3％，気温を変化させない場合には，同じく9％も減少すると推定した．京都議定書の削減目標を実施する際にかかる費用にしても，排出権取引の有無によってかなり違ってくる．取引がおこなわれないと，協定国の負担は2010年にGDPの1.5％に達するが，協定国全体で取引がおこなわれると，0.7％に下げられる．IPCCの第3次報告書では，第2次報告書以来の技術進歩を勘案して，2010年のGDPの減少幅は，排出権取引がおこなわれなかった場合に0.2〜2％，取引がおこなわれた場合に0.1〜1.1％と推定した．減少率に幅があるのは，協定国のなかでも事情に違いがある

16）　Lomborg（2001）が代表的である．

からである[17].

しかし仮に温暖化がとりわけ深刻な問題ではなくとも，省エネやエネルギー源の多様化に関する技術開発は，これからの社会にとって好ましいことは明らかである．また化石燃料の消費が抑制されると，CO_2 のみならず他の大気汚染物質（SO_x など）の排出も減少するという，一石二鳥の効果があることも事実である．しかしここでやや複雑な問題があることを付言しておこう．大気中の SO_2 は，硫酸(塩)エアロゾルに変換され，太陽光を散乱・反射する．その結果，いわゆる「日傘効果」により，気温をむしろ低下させる働きがある[18]．したがって，大気汚染対策によって SO_2 濃度が低下すると，その副次的な効果として，温暖化が促進されるという皮肉な結果を生むことになる．上に述べた「一石二鳥の効果」は，温暖化対策という視点からみると，プラスとマイナスの両面があることに注意が必要である．

それはともかく，先進諸国にかぎらず途上国の場合も，将来において温暖化ガスの削減を義務付けられたとしても，必ずしもマイナスの経済成長を余儀なくされるわけではない．エネルギー消費の効率化やその他の排出対策を進めれば，プラスの経済成長も不可能ではないうえに，排出権の取引は，途上国の効率性向上に好ましい効果を持つかもしれない．また排出権の販売による収入を排出削減の技術導入に充てることもできる．たしかに京都議定書では，発展途上国に CO_2 の排出枠を設定していないので，近い将来に先進諸国との間で排出権が取引されるわけではない．しかしそれとは別に，先進諸国が途上国の排出削減に協力すると，その一部を先進諸国の削減枠に組み入れる方式（**CDM**）を認めて，技術移転を促進する効果を狙っている．

議定書の限界

しかし，先進諸国が途上国と排出権を取引すると，先進諸国の側で排出削減の動機を抑えることになるという批判がある．この点に関しては，第

---

17) Lomborg（2001），p.303 以下，Watson *et al*.（2001），pp.25-26.
18) Bolin（1998），p.351. また早坂忠裕教授（総合地球環境学研究所）のご教示による.

6章2節ですでに議論したように，これまで先進諸国が技術開発を担ってきたという事情が重要な意味をもってくる．先進諸国が排出権を容易に購入できると，排出量削減を目指した技術開発の必要性が小さくなり，結果的に，途上国への技術供与もやがて限界に直面するだろう．このように地球の将来にとって不都合な帰結を避けるためには，排出総量を何年かおきに引下げることが必要になる．もともと排出権取引は，排出量を与件として，それを達成する費用を最小化するところに本来の目的があるので，中長期的に技術革新を促すことまでも期待するのは無理がある．それには，あらためて追加的な措置が求められるのである．

またもう1つのより重大な限界がある．議定書の削減義務が完全に実施されたとしても，途上国からの CO_2 排出は増え続ける可能性がきわめて大きいので，温暖化をとめることにはならない．実施されなかった場合よりも，気温の上昇がせいぜい10年足らず遅れるにすぎないといわれている[19]．こうした限界が京都議定書の批准を遅らせる理由の1つであることは否定できない．しかし先進諸国の間での合意は，あくまでも CO_2 削減に向けての第一歩であり，この段階を経ないで，途上国に削減の努力を求めることは不可能なのである．

CO_2 排出とEKC

最後に CO_2 の排出が所得の向上にともなって必ず増加し続けるかどうか，別の表現をすると，EKCが CO_2 の排出にも妥当するかどうかを，東アジア諸国のパネルデータから検討した結果を示しておこう[20]．すでに第4章でふれたように，EKCに関する議論を広げるきっかけになった『世界開発報告』では，SO_2 については妥当するが，CO_2 には妥当しないという結論になっていた．

まず図7-3で国ごとの排出量を参照すると，総量でも1人当りの量でも，多少の波動はあるとはいえ，右肩上がりの傾向が現れている．少なくとも

---

[19] Lomborg (2001), p.302.
[20] 以下の分析は，石見 (2003) による．

図7-3 東アジア諸国のCO₂排出量（1960-1992年）

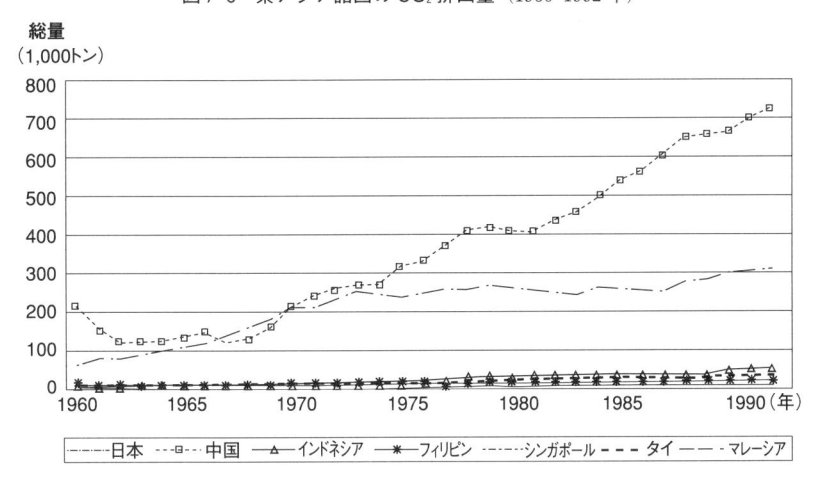

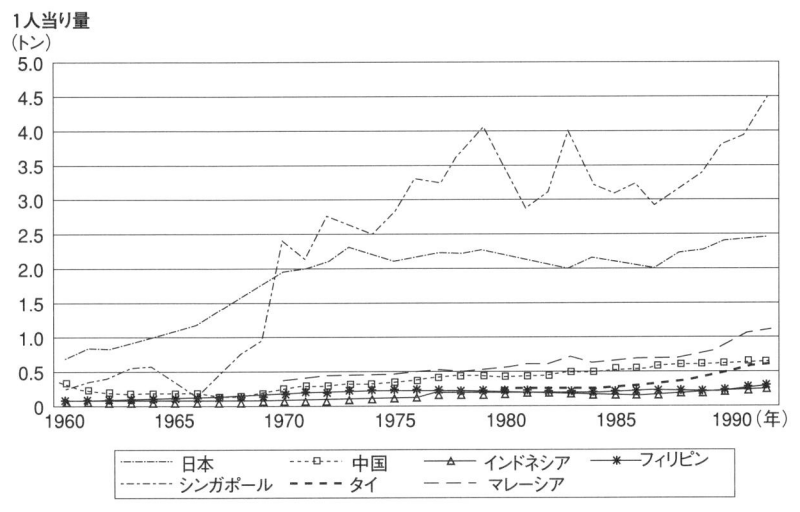

総量
(1,000トン)

1人当り量
(トン)

資料：G. Marland et al., "Global, Regional and National Fossil Fuel CO₂ Emissions," http://cdiac.esd.ornl.gov/trends/emis/em_cont.htm

1992年までの時点では，CO_2の排出が減少する局面は訪れていないのである．地球温暖化にとって最終的に問題になるのは，排出総量であるが，人口が増加傾向を示しているときに，いきなり総量を問題にすると，排出削

減の目標はかなり厳しくなる．とりあえずは，1人当りの排出量を検討することが現実に意味をもつであろう．

次に，最小自乗法を以下のような方程式に適用して，CO_2 の排出量に影響する要因を検討してみた．比較の意味で，SO_2 排出量に関する分析も合わせておこなった．

$$E = a + by + cy^2 + dEF + eIS + u$$

左辺の E は1人当りの排出量を表し，右辺の所得 y は，1人当り GDP を購買力平価（ppp）表示のドルでとった．またエネルギー効率 EF は，エネルギー消費量1単位当りの GDP で表した．IS は第2次産業の GDP に対する付加価値構成比である．IS を除く他の変数は対数で表示し，u は誤差項である．データの出所は表7–3の下段を参照されたい．対象にした国は，日本，韓国，中国，マレーシア，タイ，フィリピン，インドネシア，シンガポールの8ヵ国のほかに，SO_2 の場合には台湾を追加し9ヵ国とした．しかしこれら諸国のデータを一括して処理すると，国ごとの特殊事情を無視するという弊害が生じかねない．そこで，国ごとの差異を除いた固定効果（fixed effect）モデルによる計測も合わせておこなってみた．

もし EKC が妥当し，逆 U 字型の曲線が当てはまるならば，所得の2次係数の符号がマイナスで，1次の係数がプラスになるはずである．2次の係数がマイナスという条件は逆 U 字型の曲線から導かれるが，1次の係数がプラスというのは，極大値（曲線の頂点）に対応する所得がプラスになるために必要な条件である．そしてエネルギー効率が高くなれば排出量は減るはずなので，この係数の符号はマイナスになる．第2次産業の比重が大きくなれば排出量は増えると想定されるので，この係数の符号はプラスになるはずである．

表7–3を参照すると，SO_2 については，所得の係数符号がそれぞれ予想どおりであり，しかも有意性が高い．すなわち，EKC の仮説が当てはまりやすいことが確認される．さらに，エネルギー効率のみならず，第2次産業の構成比にも，予想されたとおりの結果がみられた．別の表現をすると，

表 7-3　東アジア諸国の SO_2, CO_2 排出（集合データ，1970 年代初頭から 1990 年）

従属変数	SO_2		CO_2	
	(a)	(b)	(c)	(d)
定数	−33.98		−30.57	
	(−4.33)***		(−10.56)***	
y	6.17	5.66	6.70	4.47
	(3.08)***	(8.49)***	(9.09)***	(11.58)***
y^2	−0.30	−0.31	−0.32	−0.22
	(−2.46)**	(−7.67)***	(−7.14)***	(−9.76)***
EF	−1.60	−0.29	−1.88	−0.47
	(−5.17)***	(−1.96)*	(−15.18)***	(−5.15)***
IS	3.53	1.15	−1.50	0.13
	(3.49)***	(2.11)*	(−3.30)***	(0.37)
サンプル数	168	168	149	149
$\overline{R^2}$	0.71	0.98	0.94	0.87
転換点の所得（US ドル）	29,144	9,219	37,911	20,869

資料：SO_2 排出量：ASL and Associates, *Global Sulfur Emissions Database*, http://www.asl-associates.com/sulfur.htm
　CO_2 排出量：G. Marland *et al*., "Global, Regional and National Fossil Fuel CO_2 Emissions," http://cdiac.esd.ornl.gov/trends/emis/em_cont.htm
　GDP，人口：A. Heston and R.Summers, *Penn-World Tables 5.6*, http://datacentre.chass.utoronto.ca/pwt/index.html　産業構造：ADB, *Key Indicators of Developing Asian and Pacific Countries*，経済企画庁編『経済要覧』各年号．エネルギー効率：IEA/OECD, *Energy Balances of OECD Countries, Energy Statistics and Balances of Non-OECD Countries 1995−1996*.
註：カッコ内は t 値．＊5% 水準で有意，＊＊2% 水準で有意，＊＊＊1% 水準で有意．(b), (d) は固定効果を計測した．

　工業の比重が大きくなる（工業化が進む）と，SO_2 排出量は増大することになる．CO_2 の場合も，産業構造を除いて，SO_2 との共通点がみられる．SO_2 の場合と同じように，所得の 1 次，2 次係数の符号から EKC の仮説が妥当することが示唆される．エネルギー効率の係数も，予想された通りの符号になり，固定効果の有意性は SO_2 に比べて大きい．ただし SO_2 と異なる点は，産業構造の係数がマイナスで想定とは逆になるか，もしくは固定効果の場合のように，有意性は認められないことである．

　排出量が極大値に達する所得水準を計算してみると，SO_2 は 29,000 ドル強から 9,000 ドル強，CO_2 は 38,000 ドルから 21,000 ドル近くになる．SO_2 の転換点がこの範囲だとすると，すでに日本などで排出量が減少している事実と整合している．しかし CO_2 の転換点が 38,000 ドルから 21,000 ドル

の範囲だとすると，この水準がはたして現実的であるかどうかは，慎重な配慮が必要である．この範囲内の所得水準であっても，日本では1人当りの排出量は減少する局面に入ってはいないからである[21]．

一般的にいえば，1人当りのCO_2排出量にクズネッツ曲線が妥当するとしても，その分岐点がどの所得水準に位置するか，発展途上国の多くがその水準まで達するのに，どれくらいの時間を要するかによって，将来の深刻さは異なってくるだろう．しかしその分岐点に達するのを待つよりも，意識的に環境対策を進めた方が，エネルギーの節約という点で好ましい．ましてクズネッツ曲線がCO_2排出量に関して妥当するか，しないかについては，いまだに定説がないのである．

中国の場合

地球温暖化の将来にとって，中国の動向がこれからいっそう重要な意味をもってくることは疑いない．中国にどのような特徴があるかをみておこう．第1に他の東アジア諸国と異なるのは，まず何よりも規模の大きさである．1人当りのエネルギー消費やCO_2排出量はまだ多いとはいえないが，人口が巨大なので，一国全体としての消費量や排出量は，アメリカに次いですでに世界第2位の地位にある．CO_2の排出量を示した図7-4は，1971年から2000年にいたる30年間に中国のシェアがいかに急増したかを示している．今後，中国がさらに経済発展を続ければ，1人当りエネルギー消費も，ひいてはCO_2の1人当り排出量も増加することが予想される．その中国が排出削減の義務を負っていないことを，アメリカは京都議定書への参加を拒む1つの理由にしていることは，よく知られている．

第2に，中国はエネルギー密度も高い（あるいはより正確にいうと高かった）という特徴がある．中国が他の諸国と違った傾向を示すのは，その特異な産業構造に関係している．中国の工業付加価値のGDPに対するシェアは，1973年の43％から1990年には37％にまで下がっていた．しかし

---

21) 日本の1人当りGDP（ppp, 1995年ドル表示）は，2000年に24,722ドルであった．IEA, *CO_2 Emissions from Fuel Combustion 1971-2000*, Paris 2002 による．

図7-4　世界の国別 CO_2 排出量

1971年（合計:141億トン）

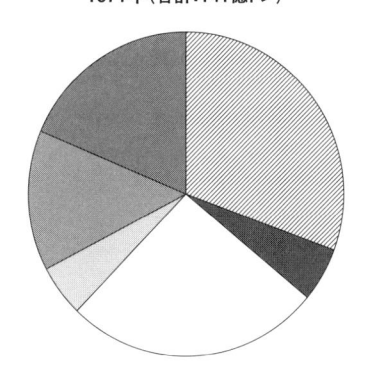

2000年（合計:234億トン）

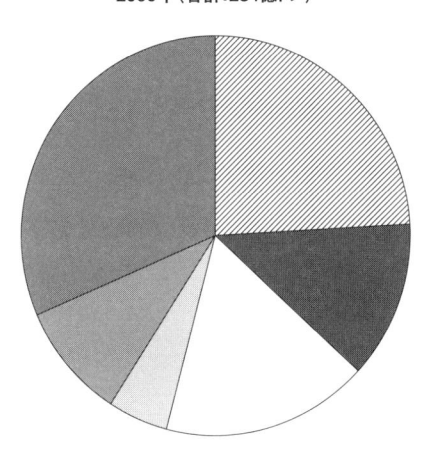

☒アメリカ　■中国（除く香港）　□OECDヨーロッパ　□日本　□ロシア（ソ連）　■その他

資料：IEA, *CO₂ Emissions From Fuel Combustion 1971-2000*, Paris 2002.

1970年代初頭に工業の比率が高いことは，必ずしも進んだ工業国であったことを意味するわけではない．この時期の統計は信頼性が低いうえに，工業の大半は小規模で，非効率な企業によって担われていたことはすでに述

べた．こうした特徴が，中国の排出量の変化に少なからず影響していたのである．

生産構造や設備の「後進性」は，むしろこれから効率改善の余地が大きいことを意味する．実際，すでに第5章3節でみたように，エネルギー効率の向上にはかなりの成果が現れているし，GDP単位当りのCO_2排出量（排出密度）も1970年代末から低下してきた（図7-5）．このようなエネルギー効率や排出密度の変化に，最も大きく貢献したのは工業部門であった．今後は，2001年度から始まった第10次5ヵ年計画が目標に掲げているように，国有企業の改革や経済全体の運営に市場メカニズムをどこまで取り込むことができるか，それに応じてエネルギー効率をどこまで改善できるかが重要な焦点になる．

地球温暖化に関しては，中国はまだCO_2の排出を減少させる必要を感じていない．京都議定書には賛成していても，削減義務を負うグループには入っていない．それに加えて，多くの国際交渉でしばしば発展途上国の代表として行動する立場は，今後も大きな変化はみられないであろう．しか

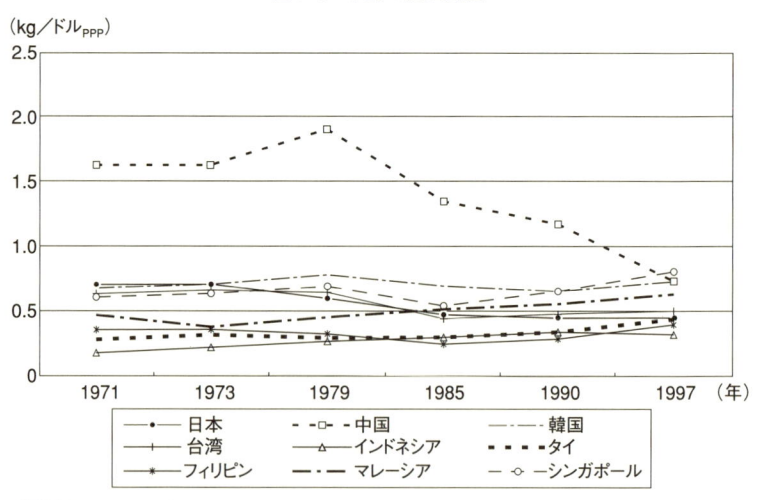

図7-5 CO_2の排出密度

資料：IEA, *Energy Balances of OECD Countries 1998-1999*, *Energy Balances of Non-OECD Countries 1998-1999*.
註：中国は香港を除く．

しエネルギー効率の向上や，大気汚染の象徴である SO_2 の排出削減には，強い関心をもっている．そうした方面への努力が結果的に CO_2 の排出を減らすことは間違いない．CDM に関しては，政府内部にも種々の意見があるようだが，少なくともエネルギー政策や京都議定書に関わる部署では，肯定的な意見が強い．その一方で，アメリカが批准していないので，排出削減枠を国際間で取引したときに，どのような価格付けがおこなわれるかを懸念している．それはアメリカの対応を牽制している面もあるが，CDM の実現性にはまだまだ疑問をもっていることを意味している．

7.3 全地球的な倫理

地球温暖化問題の難しさ

　地球温暖化は，現在と将来の世代間対立が深刻になりうる問題であり，これを費用対便益で計ることはかなり難しい．第1に，将来に関する不確実性がきわめて大きいので，費用と便益を正確に計ることはほとんど不可能である．第2には，「割引率」の適用のように，現在の世代が将来世代の利害を判断する資格があるかという，より根本的な問題がある．こうした難しさは，第4章で取り上げたように，持続可能性に関わる問題に一般的にみられることであるが，地球温暖化はその影響が，50年，100年後にようやく現れるという意味で，超長期の視野が必要になる．

　またこの問題は「全地球的」な環境危機であるからこそ扱いが難しい．その第1の理由は，加害者と被害者の関係が地域的にずれることである．温暖化によって被害を受けやすいのは，多くの場合に南の諸国であるのに，排出量は圧倒的に北の諸国が多い．かつての公害問題が一国内，もしくは隣接した数ヵ国に被害が限定されるのとは異なり，利害関係者が全地球に広がり，国ごとに対策を進めることはほとんど意味をもたない．一国的な対策はそもそも効果が少ないし，多数の国が実施するときには，ただ乗り（フリーライダー）を避けることなど，協調行動が必要になる．

同じく国境を越えた環境問題といっても，たとえば国際河川の汚染では，たとえばライン川のように被害国と加害国が地理的に接近しており，社会構造や意識も近似している．地球温暖化問題はその点で大きな違いがある．酸性雨問題も同じく，国境を越える性格をもっているが，日本と中国の間に発生する例では，たしかに地理的には近接していても，両国の所得水準や社会構造に違いがあるので，むしろ温暖化問題に近いというべきかもしれない．

　また第2に，初期条件の違いから，先進諸国と途上国の間のみならず，先進諸国のなかでも，排出規制への抵抗がさまざまに異なる．具体的にいうと，アメリカは既存の生活様式を守ることに固執し，問題を過小評価する傾向がある．2000年のCOP 6で合意が得られなかったときは，アメリカ（およびそれに同調した日本）とヨーロッパ諸国の間に対立があった．そしてブッシュ政権は京都議定書を事実上，拒否する決定を下した．1人当りの排出量がきわめて大きい国（アメリカ）が現実の国際政治に最大の発言力をもっているという構造の下では，1人当り排出枠を平等にするという「革命」的な提案になると，なおさら実現性に乏しいのである．

　第3に技術的な削減可能性も大きな要素である．フロンガスに比べて，CO_2の場合は代替エネルギーの開発が技術的に難しく，排出の抑制は経済成長を低下させるという懸念が根強くある．こうした違いが対策を難しくしていることはたしかである．

　第4に地球大の規模で考えると，先進国と途上国の間で水平的「公正」という観点が必要になる．世界全体として排出枠を制限しようとすると，途上国は「公正」を要求し，依然として成長を志向する．リオ・サミットでは「権利としての開発」というスローガンが登場した．これまで100年以上にもわたり環境汚染（温暖化物質の排出）の元凶であった先進諸国が途上国に同じ行為を禁止するのは筋が通らないという，発展途上国の論理はたしかに説得力がある．地球環境問題は，「南北問題」の現代的な現れ方であるということができる．

　途上国が一致して行動しなくとも，その中の大国（中国やインド）が拒

否権を行使すると，国際的な合意はできないというのが現実である．そうなると先進諸国は「マイナスの排出量」を甘受するしかない．そして先進諸国の内部では，結果的に，後の世代ほど割を食うことになり，世代間の垂直的公平性があらためて問題になる．垂直的，水平的な「公正」という二重の課題を同時に解決することは，ほとんど不可能に近い[22]．

第5の問題は，削減目標を強制する制度的前提が整えられていないことである．削減目標が仮に合意されても，誰が実施を監視するか，目標が実現できなかった場合の罰則規定をどうするかなど，その実施に必要な枠組みを作るうえで多くの解決すべき問題が残されている．

合意を促す要因

現実には，EU諸国，日本などが京都議定書を批准する方向に踏み切った．これに続いてロシアが批准すると，アメリカが拒否の態度を貫いても，議定書の発効は間違いない．EUや日本がなぜ承認する途を選んだかを解明することで，地球環境問題を解決するのに必要な要因が浮かび上がってくる．

EU諸国，日本などの京都議定書への取り組みからうかがえるのは，

第1に温暖化への危機意識である．あるいは温暖化の回避に世論の支持が強かったといいかえることもできる．EUの一部諸国ではすでに炭素税に類似したエネルギー税の経験があったことも，京都議定書への積極的な取り組みの背景になっていた．しかし，こうした税制が実施されていたのも，世論の支持があればこそである．

第2に，EU諸国の側に国際政治上の発言力や指導性の確保という動機が働いていたことは否定できないだろう．その点で，日本が京都議定書の批准に消極的であると一時みられたのは，対外イメージにとってマイナスであった．「京都」という言葉には，国際環境政治上のいわば「ブランド」力があり，議定書の発効に主導的な役割を果たせば，「エコノミックアニマル」という悪評をはね返すのにまたとない機会となる．

---

22) Ekins and Jacobs (1995).

第3にPorter and Linde (1995) が強調するように，環境規制を厳しくすると，省エネ技術やハイブリッドカーなどに技術開発の可能性が広がり，それに成功すると経済的にも有利になる．逆に規制に消極的な態度をとっていると，将来望まれる技術の開発に立ち遅れる危険性をはらんでいる．いうまでもなく，可能性があるといっても，必ずそれが実現するとは限らないが，規制がない場合に比べて可能性が広がることは否定できない．

「共通の，しかし異なった形の責任」

　地球温暖化のように，その因果関係や結果の深刻さに不確実性がともない，また世界的な合意をえにくい問題を，どのような手順で解決していくかについて，まだ十分な答えは出ていない．温暖化に対する途上国の態度は，しばしば「共通の，しかし異なった形の責任」という標語（リオ・地球環境サミット）で語られるが，具体的な「責任」のあり方は白紙にとどまっている．しかし少なくとも，日本以外の東アジアの諸国は，「炭素税」を直ちに導入する必要はないにしても，これまでの工業化路線を継続していけば，いずれはこれに類似した対策を迫られることはたしかである．

　なかでも中国のように，1人当り所得や排出量が小さくとも，総排出量の大きな国は難しい立場にある．一方でアメリカが固執するように，京都議定書のような国際的合意には，中国の参加が前提条件にされやすい．その意味で排出削減への外圧が強くなる．しかし他方で，排出規模が大きいので，他の先進諸国に対して資金援助やCDMへの協力を要求しやすいという交渉上の強みがあることも事実である．そこで重要な点は，中国自身に削減の動機が十分に強いかどうかであるが，現在のところ温暖化ガスの削減を政策目標に掲げるまでには至っていない．途上国の立場を代弁することに利益が大きいとなれば，対策を先延ばしにする可能性が強いであろう．

　だが先進諸国が歴史的な責任をはたす必要があることは間違いない．ODAを環境対策に結びつけることも重要であるが，自国の内部でCO_2の排出量を抑制しないと，途上国への説得力が乏しくなる．その一方で，今後，途上国全体が先進諸国，とりわけアメリカ型の消費生活を志向すれば，いず

れ地球がその負荷に耐え切れないこともたしかである．そこで途上国における経済開発のあり方があらためて問われるが，世界的な経済格差の解消と結びつかないと「持続可能な開発」の実現は難しい．2002年の環境・開発サミットでも，途上国への援助が最大の争点の1つであった．

最後の点に関連して，より大きく，複雑な疑問も浮かび上がってくる．地球温暖化は，南北間の格差拡大，核兵器の拡散，テロリズムの波及のような，他の地球規模の深刻な問題に比べて，解決を優先させるべき課題だろうかというのが，その疑問である[23]．気候変動が徐々に長期間に発生する性格のものならば，その対策も立てやすいかもしれない．ところが，それ以外の一連の問題は，多かれ少なかれ南の「低開発」に関係している．核の拡散やテロリズムは，貧しい国の政府が国民の関心を，国内的な経済問題から外国の敵に逸らすことによって醸成される．とすると，本書の冒頭で提起した，「環境か開発か」という難問に再び行き着いてしまう．南の貧しい諸国で生活水準が向上すると，地球の資源や温暖化ガスの許容量がいずれは超えてしまうという可能性が強くなり，そうなると，北の諸国はこれまでの生活水準を切り下げざるをえなくなる．それが冷厳な現実だとすると，はたして人びとは受け入れる用意ができるだろうか．

しかし *Economist*（1997）が指摘したように，悲観論者の予測はしばしば裏切られてきた[24]ことも合わせて考慮しておかねばならない．最近になってLomborg（2001）が同じような議論を展開して論争を巻き起こしたが，こうした問題を考えるうえで留意すべきは，「成長の限界」は「絶対的」と「相対的」の2種類に分けられることである．

絶対的限界説というのは，上でふれたように「中国やインドで人びとが先進諸国並みの生活水準を享受すれば地球の限界を超えてしまう」といった議論である．現在のところエネルギーなどの1人当り消費がはるかに小さい人口大国が，先進国に匹敵する物質的消費をおこなうことはとても不

---

23) Nordhaus（1995），Lomborg（2001），p. 322.
24) この点をめぐる議論は，"Environmental Scares—the Club of Rome Debate Revisited," *Environment and Development Economics* 3, 1998, 491-537 を参照．

可能なことのように思えてくる．しかしこの種の議論は，既存の技術や生活様式を固定化して考えているところに難点があり，そこに「相対的」限界説の出てくる余地がある．

相対的限界説は，2つに分けられる．第1に，エネルギー資源や技術の新開発に期待を残す立場である．需要に対して供給が過小になると，価格が上昇し，需要を抑制するメカニズムが働く．あるいは価格上昇が資源や技術の開発を促し，食糧やエネルギーの供給が増えることも予想できる．しかし，技術革新がはたして期待どおりに実現するかどうかは不確実であるし，耕地や油田の拡大には長い「懐妊期間」が必要になる．そこで，短期的には供給不足が生じ，そこに「制約」が現れることになる．

第2に，生活様式の変化を期待する立場もある．資源多消費型から環境重視型の生活への転換は，たとえば教育や社会意識の変化によって生じうる．先進諸国で消費者が「環境に優しい」製品を選ぶことなどに，すでにその変化の兆しは現れている．しかしインドや中国のような国で，はたして同じような転換が可能かどうかとなると判断が難しい．あるいは別の表現をすると，先進諸国と同じような大衆消費社会の道を辿るのではなく，両国に固有な「内発的発展」の代替案はありうるかという疑問を提起することもできる．

「絶対的」限界説にしても，資源の埋蔵量を正確に予測することは難しいので，どうしても不確実な「予言」になってしまいがちである．また他方で「相対的」制約説にしても，いつどのような形で変化が生じるかは不確定である．いずれにしてもこの問題を考えるうえで鍵になるのは，「不確実性」である．だからこそ悲観説と楽観説の対立を根本的に解消することは難しいが，楽観説が当たらなかった場合に，それが全地球的な問題であれば，被害があまりに大きかったり，とり返しがつかなかったりする．だからこそ「リスク」に備えるという態度が必要になる．

必ずしも温暖化のみに限らないが，一般に地球環境問題は将来の技術革新の可能性によって深刻さの程度が変わってくる．その意味で大きな不確実性をはらんでいるので，最悪の場合を想定して対策を立てるという立場

(no-regret policy) が必要になる．効率性の向上が温暖化問題や資源の制約を打開することがあるとしても，注意すべきは，「規模の経済」のように，効率性の実現には一定規模の生産（そして消費）が必要になる場合が少なくないことである．その場合は，単位生産（消費）当りの環境への負荷が小さくなったとしても，全体としての負荷が小さくなるとは限らない．すなわち，地球環境問題は結局，解決されずに残ってしまうのである．

第8章
結び

コスタリカのジャングルツアー．外貨の貴重な収入源となっている．
(2002年3月，筆者撮影)

新しい「南北問題」

　本書の冒頭に挙げた問題，すなわち開発と環境は両立するかという論点に立ち返ると，「最貧国」が直面している環境問題に関しては，経済開発を進めることで解決されるものが少なくない．これに対して経済開発に「成功」した東アジアなどの諸国では，問題の性格が「圧縮された開発」によるものが主流になってきたという点に特徴がある．しかし後者の諸国が直面している問題に対しても，成長か，環境かといった形で，二律背反の立場をとることは，必ずしも正しいことではない．経済成長が環境に及ぼす影響には，プラスとマイナスの2つの側面があり，差し引きどちらが大きいかは，一概には決められないからである．それは，環境汚染を回避する技術が，いつごろ，どの程度の確率で実現されるか，という予測の困難な問題に関わってくる．しかしこうした不確実性があっても，あるいは不確実性があるからこそ，事前に環境対策を進めること，いわゆる「後悔なき政策」はきわめて重要になってくる．東アジアの諸国がこの方向でも努力してきたことは事実であり，今後さらにこうした政策的努力を続けるうえで，日本を含めた先進諸国の協力は欠かせないであろう．

　しかしCO_2の排出が所得に応じて上昇する傾向がまだ終わっていないように，地球温暖化問題の解決と経済成長の共存が容易ではないこともたしかである．発展途上国が先進諸国と同じような工業化，消費生活のパターンを後追いすると，いずれ地球規模で深刻な問題に直面することが予想される．とはいえ，1992年にリオデジャネイロの環境サミット宣言（第3原則）で是認されたように，途上国が「開発の権利」を主張することには，それ相応の説得力がある．途上国の政治指導者が，しばしば先進諸国の環境保護派を「環境帝国主義者」として非難する[1]ように，たしかに地球規模の環境問題は形を変えた「南北問題」であるという側面を持っている．

---

1) Dua and Esty (1997), p.91.

「成長の限界」は超えられるか

　ローマクラブの警告が公表されてから，地球環境をとり巻く状況は一方で改善されてきた．フロンガスの削減，地球温暖化問題への取り組みのように，国際的合意による解決が曲がりなりにも定着しつつある．このような事例から過度に楽観的になるべきではないが，いずれも科学者による警告が「危機」に対する予防行動を促したことに特徴がある．たんなる価格メカニズムの働きでもなく，政治的強制でもなく，科学者の警告に世論や各国政府が反応したことは注目に値する．しかしどのような条件の下で，それが可能であったのかをよく考えてみる必要がある．地球規模の環境問題は，少なくとも先進諸国の住民が身近に脅威を感じるといったものではない．その点では，かつて深刻であった公害問題とは性格が異なるので，科学者による啓蒙活動の役割が大きくなったとはいえるだろう．しかし科学的な「予言」に世論が反応したのは，物質文明に対する疑念が潜在的に増大していたことが大きいだろう．もちろんマスメディアが世論形成に大きな役割をはたすことも事実であり，悲観的な予測や警告がニュースになりやすいという傾向があることも否定できない．しかしそうした報道を人びとが受け入れていったのは，たんに「世論操作」では片付けられない．いわば「時代精神」が変化していたのである．

次善の策

　ただし環境を重視することは必ずしも「ゼロ成長」を意味するわけではない．資源やエネルギーを大量に消費する成長に代わって，サービスや知的活動に重点を置いた生活スタイルに移行しても，それらが市場で取引されるかぎり，GDPの定義により，経済成長の要因にもなりうるからである．逆に人間の福祉向上に経済成長が必要であることは，発展途上国の開発との関連ですでに述べた通りである．だが，いかなる「質」の成長を目指すべきかといった理念は，資本主義の市場メカニズムのなかから直ちに生まれてはこない．そうした理念は人間の知恵や経験によって培われるしかな

いのであり，市場メカニズムの過信は禁物である．

 とはいえ企業の利潤原理や市場をいきなり廃止することはできないし，それに代わる経済システムがはたしてありうるのかどうかも分からない．そうした条件の下で，いかにして解決策を見出すかとなると，炭素税や排出権取引のように市場メカニズムを利用した政策が重要になってくる．それは現実との妥協という側面があることもたしかに否定できないが，そればかりではなく，実は市場メカニズムを利用することで，対策費用を減らしたり，技術革新を促したりといった利点があることも忘れてはならない．市場メカニズムや経済的動機付けは，ある種の理念を提出することはできないとしても，与えられた目標を，より少ない費用で効率的に実現する手段として欠かせないのである．

 ここで興味深いのは，旧社会主義諸国における公害問題である．都留（1972）は，ソ連には公害がないとの当時の通念にたいし，バイカル湖の汚染が進んでいることに警告を発した．社会主義体制の下では，理論上は「市場の失敗」は存在しないかもしれないが，生産の量的拡大を優先する政策が環境への配慮を無力にしてしまう．この弊害は，その後，アラル海の湖水面積が急減したことにも現れている．社会主義体制の下で公害がひどくなった理由の1つは，別の表現をすると，市場メカニズムが働かず，効率的な生産がおこなわれなかったことである．生産効率が上昇すれば，生産物1単位当りの排出物が少なくなることはくり返すまでもない．

 もう1つの理由は，政治的自由に制限があり，公害被害の実状を訴える機会が人びとに保証されていなかったことである．そうした意味では，市場経済と民主主義を保証した西側諸国の体制の方が，かつての社会主義の集権体制よりもすぐれている．市場経済では財やサービスを購入することで，民主主義のもとでは一票を投じることで，人びとは自分の選好を表明することができるのである．

 ただ注意しなければならない点は，人びとの購買力や投票が必ずしも平等な力をもたないことである．所得や資産額に差があると，人びとがその意思を市場に反映する影響力は，その財力によって異なってくる．消費者

の側だけではなく，生産者の側にも独占や寡占といった現象が現れることはよく知られている．これにたいして，選挙には1人1票の平等が保証されているとの反論があるかもしれない．しかし人びとの投票行動は，自分の属する集団（職場，地域など）によって多かれ少なかれ影響を受ける．そして，こうした集団は経済力，あるいは権益の幅が大きければ大きいほど，その影響力も拡大する．まして世界的な意思決定となると，すべての国が対等というわけではなく，経済規模や軍事力の大きな国の意向が通りやすいという現実がどうしようもなくある[2]．

したがって地球規模の大問題を解決していくには，企業の利潤動機や国ごとの国益といった要素のほかに，それらを超えた統治の枠組みが必要になるのである．経済活動の全地球化が全世界的な統治（governance）を求めているともいえるだろう．それをいかにして形成するかが21世紀に課せられた根本的な問題であるが，望ましい解決の萌芽はすでに気候変動枠組み条約，その実施細目を定めるCOP会合などに現れているとみることもできる．そうした動きを支えたのが，全世界的な市民や科学者の声であった．しかしこうした傾向がどこまで続くか，どこまで実効性をもつかと自問してみると，それほど楽観的に語ることはできない．

最後にやはり価値観

全地球的な統治の枠組みについて，少なくとも問題意識や実践の萌芽が生れてきたことは好ましい兆候である．そうした動きを後押ししたり，支えたりするのが思想の力であるだろう．そうした点について，経済学が（より狭くいうと主流派の経済学）が有効な手掛りを与えていないことはすでに述べた．それでは思想や価値観はいかにあるべきか，どのようなものが望まれるかとなると，そのような問に答えることは容易ではない．洋の東

---

2) Porter and Brown（1996），訳書，p.18 は，国際環境政治において交渉力の基礎になる要因は，軍事力ではなく経済力である，としている．しかし地球温暖化に関しては，アメリカ的生活様式といった「文化的」影響力が意外に大きな意味をもっていることを忘れてはならない．

西に代表されるような，異なった文化的背景があるなかで，共通の普遍的な価値観などありえないというのが，あるいは正しい答えかもしれない．しかし共通の行動ルールを定めるにしても，何らかの普遍的な尺度が必要になってくる．それは文化や宗教の違いを超えて，基本的人権のように相互に理解可能な原理原則という形をとることは間違いないだろう．

参考文献

Abramovitz, M.(1986), "Catching Up, Forging Ahead and Falling Behind," *Journal of Economic History*, 46-2, 386-405, reprinted in M. S. Seligson and J. T. Passé-Smith eds., *Development and Underdevelopment*, second edition, Lynne Rienner Pub.

Ahluwalia, M. S.(1974), "Cross-National Evidence of the Domestic Gap," H. Chenery, M. S. Ahluwalia *et al.*, eds., *Redistribution with Growth*, BIS/World Bank, 3-10, reprinted in M. S. Seligson and J. T. Passé-Smith eds., *Development and Underdevelopment*, second edition, Lynne Rienner Pub.

Alexandratos, N. ed.(1996), *World Agriculture towards 2010*, FAO.『2010 年の世界農業』国際食糧農業協会, 1996 年.

Amarlic, F.(1995), "Population Growth and the Environmental Crisis : beyond the 'Obvious'," in V. Bhaskar and A. Glyn eds., *The North, the South and the Environment*, St. Martins Press, 85-101.

Arrow, K. *et al.*(1995), "Economic Growth, Carrying Capacity, and the Environment," *Ecological Economics*, 15, 91-95.

Asian Development Bank (1997), *Emerging Asia : Changes and Challenges*, Manila. 吉田恒昭監訳『アジア変革への挑戦』東洋経済新報社, 1998 年.

Balasubramanyam, V. N. (1984), *The Economy of India*, Weidenfeld and Nicolson. 古賀正則監訳『インド経済概論』東京大学出版会, 1988 年.

Bardhan, P. K. (1980), "Interlocking Factor Markets and Agrarian Development : A Review of Issues," *Oxford Economic Papers*, 32-1, 82-98.

Baumol, William J.(1986), "Productivity Growth, Convergence, and Welfare : What then Long-run Data Show," *American Economic Review*, 76, 1072-1084, reprinted in M. S. Seligson and J. T. Passé-Smith eds., *Development and Underdevelopment*, second edition, Lynne Rienner Pub.

Bentley, R. W.(2002), "Global Oil and Gas Depletion : an Overview," *Energy Policy*, 30-3, 189-205.

Bhagwati, J.(2000), "On Thinking Clearly about the Linkage between Trade and the Environment," *Environment and Development Economics*, 5, 485-496.

Bhaskar, V. and A. Glyn eds.(1995), *The North, the South and the Environment*, St. Martins Press.

Bolin, B.(1998), "Key Features of the Global Climate System to be Considered in

Analysis of the Climate Change Issue," *Environment and Development Economics*, 3, 348-365.
Brown, L. R.(1995), *Who Will Feed China?* W. W. Norton and Co. 今村奈良臣訳『誰が中国を養うのか?』ダイヤモンド社, 1995年.
Brown, L. R. *et al.*(2000), *State of the World 2000/2001*, W. W. Norton & Company. 浜中裕徳監訳『地球白書』2000/01年版, ダイヤモンド社.
Coase, R. H.(1960), "The Problem of Social Cost," *Journal of Law and Economics*, 3, 1-44.
Cohen, J. E.(1995), *How Many People Can the Earth Support?* W. W. Norton and Co. 重定南奈子ほか訳『新人口論』農山漁村文化協会, 1998年.
Common, M.(1995), *Sustainability and Policy*, Cambridge University Press.
Conway, G. and Gary Toenniessen (1999), "Feeding the World in the Twenty-first Century," *Nature*, 402, December, 55-58.
Crafts, N. F. R.(1985), *British Economic Growth during the Industrial Revolution*, Oxford University Press.
Cropper, M. L. and W. E. Oates (1992), "Environmental Economics: A Survey," *Journal of Economic Literature*, 30-2, 675-740.
Cropper, M. and C. Griffths (1994), "The Interaction of Population Growth and Environmental Quality," *American Economic Review*, 84-2, 250-254.
Dasguputa, P.(1995 a), "Economic Development and the Environment: Issues, Policies and the Political Economy," in Quibria ed., *Critical Issues in Asian Development*, Asian Development Bank and Oxford University Press, 160-185.
Dasguputa, P.(1995 b), "The Population Problem: Theory and Evidence," *Journal of Economic Literature*, 33-4, 1879-1902.
Dasguputa, P. and K.-G. Mäller (1995), "Poverty, Institutions, and the Environmental Resource-base," in J. Behrman and T. N. Srinivasan eds., *Handbook of Development Economics*, Vol. IIV, 2371-2463.
Dasguputa, P.(1998), "The Economics of Poverty in Poor Countries," *Scandinavian Journal of Economics*, 100-1, 41-68.
Deininger, K. and L. Squire (1996), "A New Data Set Measuring Income Inequality," *The World Bank Economic Review*, 10-3, 565-591, reprinted in M. S. Seligson and J. T. Passé-Smith eds., *Development and Underdevelopment*, second edition, Lynne Rienner Pub.
Deininger, K. and L. Squire (1998), "New Ways of Looking at Old Issues: Inequality and Growth," *Journal of Development Economics*, 57-2, 259-287.
De Long, J. B.(1988), "Productivity Growth, Convergence, and Welfare: Comment," *American Economic Review*, 78, 1138-1154, reprinted in M. S. Seligson and J. T. Passé-Smith eds.(1998), *Development and Underdevelopment*, second edition,

Lynne Rienner Pub.

Dollar, D. and A. Kraay (2002), "Spreading the Wealth," *Foreign Affairs*, January /February, 120-133.

Dowrick, S. and J. B. DeLong (2001), "Globalization and Convergence," NBER Conference, *Globalization in Historical Perspective*.

Dua, A. and D.C. Esty (1997), *Sustaining the Asia Pacific Miracle*, Institute for International Economics.

Economist (1997), "Environmental Scares: Plenty of Gloom," 20 December, in *Environment and Development Economics* 3, 1998, 493-499.

Ehrich, P. and A. Ehrich (1990), *The Population Explosion*, Simon and Schuster. 戸田清ほか訳『絶滅のゆくえ』新曜社, 1992年.

Ekins, P., C. Folke, and R. Constanza (1994), "Trade, Environment and Development: the Issues in Perspective," *Ecological Economics*, 9, 1-12.

Ekins, P. and M. Jacobs (1995), "Environmental Sustainability and the Growth of GDP: Conditions for Compatibility," in V. Bhaskar and A. Glyn eds., *The North, the South and the Environment*, St. Martins Press, 9-46.

Ekins, P.(1997), "The Kuznets Curve for the Environment and Economic Growth: Examining the Evidence," *Environment and Planning*, A 29-5.

Field, B. C.(1997), *Environmental Economics: An Introduction*, second edition, McGrow Hill. 秋田次郎・猪瀬英博・藤井英昭訳『環境経済学入門』日本評論社, 2002年.

Fields, G. (1995), "Income Distribution in Developing Countries: Conceptual Data, and Policy Issues in Broad-based Growth," in M. G. Quibria ed., *Critical Issues in Asian Development*, Asian Development Bank and Oxford University Press, 75-107.

George, S.(1977), *How the Other Half Dies. The Real Reason for World Hunger*, Penguin Books. 小南祐一郎・谷口真理子訳『なぜ世界の半分が飢えるのか』朝日新聞社, 1984年.

George, S.(1988), *A Fate Worse than Debt*, Grove Press. 向寿一訳『債務危機の真実』朝日新聞社, 1989年.

Gershenkron, A.(1962), *Economic Backwardness in Historial Perspective*, Harvard University Press.

Grossman, G. M. and A. B. Krueger (1993), Environmental Impacts of a North American Free Trade Agreement," P. Gaber ed., *The Mexico-U.S. Free Trade Agreement*, MIT Press, 13-56.

Grossman, G. M. and A. B. Krueger (1995), "Economic Growth and the Environment, *Quarterly Journal of Economics*, 110-2, 353-377.

Grossman, G. M.(1995), "Pollution and Growth: What Do We Know?" in Ian Goldin and L. A. Winters eds., *The Economics of Sustainable Development*, Cambridge

University Press, 19–46.

Hardin, G.(1968), "The Tragedy of the Commons," *Science* 162, 1243–1248, reprinted in R. N. Stavins ed., *Economics of the Environment*, W. W. Norton and Co., 1999.

Hashim, S. R., S. P. Kashyap, and S. N. Joshi (2001), "Agriculture and Rural Development," unpublished manuscript, United Nations University.

Hilgerdt, F.(1945), *Industrialization and Foreign Trade*, United Nations. 山口和男ほか訳『工業化の世界史』ミネルヴァ書房, 1979年.

Iwami, T. (2001), "The 'Advantage of Latecomer' in Abating Air-Pollution," *CIRJE Discussion Paper Series*, F-133, Faculty of Economics, University of Tokyo.

James, J.(2000), "Pro-Poor Models of Technical Integration into the Global Economy," in *Development and Culture*, 31, 765–783.

Kahn, J. R. and J. A. McDonald (1995), "Third-world Debt and Tropical Deforestation," *Ecological Economics*, 12, 107–123.

Kanbur, Ravi and Lyn Squire (1999), "The Evolution of Thinking about Poverty : Explaining the Interactions," unpublished manuscript, World Bank.

Kolstad, C. D.(1999), *Environmental Economics*, Oxford University Press. 細江守紀・藤田敏之監訳『環境経済学入門』有斐閣, 2001年.

Koop, G. and L. Tole (1999), "Is There an Environmental Kuznets Curve for Deforestation?" *Journal of Development Economics*, 58, 231–244.

Krackeler, T., L. Schipper, and O. Sezgen (1998), "Carbon Dioxide Emissions in OECD Service Sectors : the Critical Role of Electricity Use," *Energy Policy*, 26, 1137–1152.

Lewis, A.(1949), *Economic Survey 1919–1939*, G. Allen and Unwin. 石崎昭彦・森恒夫・馬場宏二訳『世界経済論』新評論, 1969年.

Lewis, W. A.(1954), "Economic Development with Unlimited Supplies of Labour," *Manchester School of Economic and Social Studies*, 22, 139–191.

Lewis, A.(1978), *Growth and Fluctuations 1870–1913*, G. Allen & Unwin.

Lindert, P. and J. G. Williamson (2001), "Does Globalization Make the World More Unequal ?" NBER Conference, *Globalization in Historical Perspective*.

Lipietz, A.(1995), "Enclosing the Global Commons : Global Environmental Negotiations in a North-South Conflictual Approach," in V. Bhaskar and A. Glyn eds., *The North, the South and the Environment*, St. Martins Press, 118–142.

Lomborg, B.(2001), *The Skeptical Environmentalist*, Cambridge University Press. 山形浩生訳『環境危機をあおってはいけない』文藝春秋社, 2003年.

Maddison, A.(1995), *Monitoring the World Economy*, OECD. 金森久雄監訳『20世紀の世界経済史』東洋経済新報社.

Meadows, D. H. *et al.*(1972), *The Limits to Growth*, Universe Books. 大来佐武郎

監訳『成長の限界』ダイヤモンド社，1972 年.
Meadows, D.H. et al.(1992), *Beyond the Limits*, Chelsea Green Publishing Co., 茅陽一監訳『限界を超えて』ダイヤモンド社，1992 年.
Mielnik, O. and J. Goldemberg (2000), "Converting to a Common Pattern of Energy Use in Developing and Industrialized Countries," *Energy Policy*, 28, 503–508.
Mielnik, O. and J. Goldemberg (2002), "Foreign Direct Investment and Decoupling between Energy and Gross Domestic Product in Developing Countries," *Energy Policy*, 30, 87–89.
Muller, E. N. and M. A. Seligson (1987), "Inequality and Insurgency," *American Political Science Review*, 81-2, 423–450, reprinted in M. S. Seligson and J. T. Passé-Smith eds., *Development and Underdevelopment*, second edition, Lynne Rienner Pub.
Nordhaus, W.(1995), "The Ghosts of Climates Past and the Specters of Climate Change Future," *Energy Policy*, 23, 269–282.
O'Connor, D.(1994), *Managing the Environment with Rapid Industrialization: Lessons from the East Asian Experience*, Paris: OECD. 寺西俊一・吉田文和・大島堅一訳『東アジアの環境問題』東洋経済新報社，1996 年.
OECD (2001), *Environmentally Related Taxes in OECD Countries: Issues and Strategies, Paris*, 天野明弘監訳『環境関連税制』有斐閣，2002 年.
Oshima, H. T.(1992), "Kuznets' Curve and Asian Income Distribution Trends," *Hitotsubashi Journal of Economics*, 33, 95–111.
Ostrom, E.(2002), "The Evolution of Norms within Institutions: Comments on P.R. Ehlich and A. H. Ehlich's. Population, Development, and Human Nature," *Environment and Development Economics*, 7, 177–182.
Pachauri, S. and D. Spreng (2002), "Direct and Indirect Energy Requirements of Household in India," *Energy Policy*, 30, 511–523.
Panayotou, T. (1995), "Environmental Degradation at Different Stages of Economic Development," I. Ahmed and J. A. Doelman eds., *Beyond Rio, The Environmental Crisis and Sustainable Livelihood in the Third World*, Macmillan Press, 13–36.
Pearce, D., A. Markandya, and E. B. Barbier(1989), *Blueprint for a Green Economy*, Earthscan Publication. 和田憲昌訳『新しい環境経済学』ダイヤモンド社，1994 年.
Pearce, D. and R. K. Turner (1990), *Economics of Natural Resources and the Environment*, Harvester Wheatsheaf.
Pearce, D. and J. J. Warford (1993), *World without End*, Oxford University Press.
Ponting, C. (1992), *A Green History of the World*, St. Martins Press. 石弘之・京都大学環境史研究会訳『緑の世界史（上），（下）』朝日新聞社，1994 年.
Porter, M. E. and C. V. Linde (1995), "Toward a New Conception of Environment-

Competitiveness Relationship," *Journal of Economic Perspective*, 9-4, 97-118.
Porter, G. and J. W. Brown (1996), *Global Environmental Politics*, second edition, Westview Press. 細田衛士監訳『入門環境政治』有斐閣, 2001年.
Quibria, M. G. ed.(1995), *Critical Issues in Asian Development*, Asian Development Bank and Oxford University Press.
Rashid, S. and M. G. Quibria (1995), "Is Land Reform Passé? With Special Reference to Asian Agriculture," in M. G. Quibria ed., *Critical Issues in Asian Development*, Asian Development Bank and Oxford University Press, 127-159.
Ravallion, M.(1997), "Good and Bad Growth : The Human Development Reports," *World Development*, 25-5, 631-638.
Ravallion, M.(2001), "Growth, Inequality and Poverty : Looking Beyond Averages," *World Development*, 29-11, 1803-1815.
Ray, D.(1998), *Development Economics*, Princeton University Press.
Repetto, R.(1995), "Trade and Sustainable Development," in M. G. Quibria ed., *Critical Issues in Asian Development*, Asian Development Bank and Oxford University Press, 186-212.
Selden, T. M. and D. Song (1994), "Environmental Quality and Development : Is There a Kuznets Curve for Air Pollution Emissions?" *Journal of Environmental Economics and Management*, 27, 147-162.
Seligson, M. S. and J. T. Passé-Smith eds. (1998), *Development and Under-development*, second edition, Lynne Rienner Pub.
Sinton, J. E. *et al*.(1998), "Energy Efficiency in China : Accomplishments and Challenges," *Energy Policy*, 11, 813-829.
Sinton, J. E. and D.G. Fridley (2000), "What Goes Up : Recent Trends in China's Energy Consumption," *Energy Policy*, 28, 671-687.
Solow, R. W.(1991), "Sustainability : an Economist's Perspective," presented at the 18th J. S. Johnson Lecture in R. N. Stavins ed., *Economics of the Environment*, 4th edition, W. W. Norton and Co., 2000, 131-138.
Srinivasan, T. N.(1994), "Human Development : A New Paradigm or Reinvention of the Wheel ? " *American Economic Review*, 84-2, 238-243.
Stavins, R. N. ed.(2000), *Economics of the Environment, Selected Readings*, 4th edition, W. W. Norton and Co.
Stern D. I., M. S. Common, and E. B. Barbier (1996), "Economic Growth and Environmental Degraduation : The Environmental Kuznets Curve and Sustainable Development," *World Development*, 24-7, 1151-1160.
Sutcliffe, B.(1995), "Development after Ecology," V. Bhaskar and A. Glyn eds., *The North, the South and the Environment*, St. Martins Press, 232-258.
Suri, V. and D. Chapman (1998), "Economic Growth, Trade and Energy : Implications

for the Environmental Kuznets Curve," *Ecological Economics*, 25, 195–205.
Tietenberg, T.(2000), *Environmental and Natural Resource Economics*, 5th edition, Addison-Wesley.
Todaro, M. P. and S. C. Smith (2002), *Economic Development*, 8th edition, Addison-Wesley.
UN(2001), "World Population Prospects. The 2000 Revision," http://www.un.org/esa/population/unpop.htm
UNDP (1999), *Human Development Report : Globalization and Human Development*, Oxford University Press.『グローバリゼーションと人間開発』国際協力出版会, 1999年.
UNDP(2001), *Human Development Report : New Technology and Human Development*, Oxford University Press.『新技術と人間開発』国際協力出版会, 2001年.
Watson, R. T. *et al*. ed. (2001), *Climate Change 2001 : Synthesis Report*, Cambridge University Press.
World Bank (1992), *World Development Report 1992, Development and Environment*, Oxford University Press.『世界開発報告 1992年』イースタンブックサービス.
World Bank (1993), *The East Asian Miracle : Economic Growth and Public Policy*, Oxford University Press. 白鳥正喜監訳『東アジアの奇跡』東洋経済新報社, 1994年.
World Bank (2001), *World Development Report 2000/2001, Attacking Poverty*, Oxford University Press. 西川潤監訳『世界開発報告 2000/2001年』シュプリンガー, 2002年.
World Commission on Environment and Development [WCED](1987), *Our Common Future*, Oxford University Press. 大来佐武郎監修『地球の未来を守るために』福武書店, 1987年.
Zhang, Z. X.(2000), "Decoupling China's Carbon Emission Increase from Economic Growth : an Economic Analysis and Policy Implications," *World Development*, 28-4, 739–752.

天野明弘 (1997),『地球温暖化の経済学』日本経済新聞社.
石 弘之 (1988),『地球環境報告』岩波新書.
石 弘之 (1998),『地球環境報告 II』岩波新書.
石 弘光 (1999),『環境税とは何か』岩波新書.
井上 真 (2001),「自然資源の共同管理制度としてのコモンズ」井上 真・宮内泰介編『コモンズの社会学』新曜社, 1-28頁.
石見 徹 (1999),『世界経済史』東洋経済新報社.
石見 徹 (2000),「開発と環境」『経済学論集』第65巻4号, 2-16頁.

石見 徹 (2001),『全地球化するマネー』講談社.
石見 徹 (2003),「東アジアの経済発展と CO_2, SO_2 の排出」『経済学論集』第 69 巻 2 号, 2-21 頁.
宇沢弘文 (1974),『自動車の社会的費用』岩波新書.
植田和弘・落合仁司・北畠佳房・寺西俊一 (1991),『環境経済学』有斐閣.
植田和弘 (1996),『環境経済学』岩波書店.
荏開津典生 (1994),『「飢餓」と「飽食」』講談社.
絵所秀紀 (1997),『開発の政治経済学』日本評論社.
大塚久雄 (1955),『共同体の基礎理論』岩波書店.
大塚健司 (1997),「中国大都市住民の生活環境意識」西平重喜・小島麗逸・岡本英雄・藤崎成昭編『発展途上国の環境意識──中国, タイの事例』アジア経済研究所, 191-227 頁.
岡本英雄 (1997),「タイにおける環境意識の構造」, 西平重喜・小島麗逸・岡本英雄・藤崎成昭編『発展途上国の環境意識──中国, タイの事例』アジア経済研究所, 315-340 頁.
岡本勝男・川島博之・横沢正章・袴田共之 (1998),「地球環境変化と農業生産」『地域学研究』28-1, 29-44 頁.
戒能通孝 (1964),『小繋事件』岩波書店.
加藤弘之・陳 光輝 (2002),『東アジア長期経済統計 12 中国』勁草書房.
黒崎 卓・山崎幸治 (2002),「南アジアの貧困問題と農村世帯経済」絵所秀紀編『現代南アジア 2 経済自由化のゆくえ』東京大学出版会, 67-96 頁.
小島麗逸・藤崎成昭編 (1993),『開発と環境 東アジアの経験』アジア経済研究所.
小島麗逸・藤崎成昭編 (1994),『開発と環境 アジア新成長圏の課題』アジア経済研究所.
小島麗逸 (2000),「経済発展を制約する要因」毛利和子編『現代中国の構造変動 1 大国中国への視座』東京大学出版会, 127-185 頁.
定方正毅 (2000),『中国で環境問題にとりくむ』岩波書店.
澤田康幸 (2003),「グローバリゼーションと貧困」日本国際経済学会編『グローバリゼーションの成果と課題』世界経済研究会, 50-71 頁.
柴田弘文 (2002),『環境経済学』東洋経済新報社.
白鳥正喜 (1998),『開発と援助の政治経済学』東洋経済新報社.
末廣 昭 (1998),「発展途上国の開発主義」東京大学社会科学研究所編『20 世紀システム 4 開発主義』東京大学出版会, 13-46 頁.
末廣 昭 (2000),『キャッチアップ型工業化論』名古屋大学出版会.
高瀬国雄 (1998),「食糧・環境・貧困のトリレンマへの挑戦」国際高等研究所.
　http : //www.iias.or.jp/research/res_syoku/1998 Food/3 rd.Takase.html
都留重人 (1972),『公害の政治経済学』岩波書店.

内藤正明・加藤三郎編（1998）『講座地球環境学10 持続可能な社会システム』岩波書店.
東京大学農学部編（1998），『人口と食糧』朝倉書店.
中兼和津次（1999），『中国経済発展論』有斐閣.
中島誠一編（2002），『中国長期経済統計』日本貿易振興会.
永田 信・井上 真・岡 裕泰（1994），『森林資源の利用と再生』農山漁村文化協会.
西垣 昭・下村恭民・辻 一人（2003），『開発援助の経済学』第3版，有斐閣.
日本環境会議（1997），『アジア環境白書 1997/98』東洋経済新報社.
日本環境会議（2000），『アジア環境白書 2000/01』東洋経済新報社.
野上裕生・寺尾忠能（1998），「東アジアの産業公害と『後発性の利益』」環境経済・政策学会編『アジアの環境問題』東洋経済新報社，158-177頁.
速水 融（2001），『歴史人口学で見た日本』文春新書.
速水佑次郎（2000），『開発経済学』新版，創文社.
藤田幸一（2002），「インド農業論」絵所秀紀編『現代南アジア2 経済自由化のゆくえ』東京大学出版会，97-119頁.
松岡俊二・松本礼史（1998），「アジアの経済成長とエネルギー・環境問題」環境経済・政策学会編『アジアの環境問題』東洋経済新報社，111-122頁.
南 亮進（1981），『日本の経済発展』東洋経済新報社.
宮本憲一（1989），『環境経済学』岩波書店.
村井吉敬（1988），『エビと日本人』岩波新書.
森島 賢ほか（1995），『世界は飢えるか』農山漁村文化協会.
安成哲三・米本昌平編（1999），『講座地球環境学2 地球環境とアジア』岩波書店.
安成哲三・岩坂泰信編（1999），『講座地球環境学3 大気環境の変化』岩波書店.
柳澤 悠（2002），「インドの環境問題の研究状況」長崎暢子編『現代南アジア1 地域研究への招待』東京大学出版会，213-236頁.
山崎幸治（1998），「貧困の計測と貧困解消政策」絵所秀紀・山崎幸治編『開発と貧困』アジア経済研究所，73-130頁.
米本昌平（1994），『地球環境問題とは何か』岩波新書.
李 志東（1998），『中国の環境保護システム』東洋経済新報社.
若林敏子（1994），『中国人口超大国のゆくえ』岩波新書.

索 引

[アルファベット]

ASEAN 125
CDM → クリーン開発メカニズム
COP → 気候変動枠組み条約締約国会議
CVM → 擬制的評価法
EU（欧州連合） 84, 129, 196
FAO → 国連食糧農業機関
GATT 141, 143
GDP 6-9, 11, 13, 15, 21, 25, 42, 43, 46, 101, 106-112, 115, 125, 127, 170, 194, 198, 204, 217
GNP 8-11, 15, 106, 138, 149, 178, 194
HDI → 人間開発指数
IPCC（気候変動に関する政府間パネル） 191, 192, 195, 198
JI → 共同実施
MFA → 多国間繊維協定
NAFTA → 北米自由貿易協定
NGO 61, 134, 141, 154
NNW（Net National Welfare 国民純福祉） 11
ODA → 政府開発援助, 経済援助
OECD 93, 103, 104, 140
SPM（浮遊粒子状物質） 113, 147
UNCED → 地球環境サミット
UNCTAD → 国連貿易開発会議
UNDP → 国連開発計画
UNEP → 国連環境計画
WTA（willingness to accept） 176
WTO → 世界貿易機関
WTP（willingness to pay） 176

[ア行]

悪循環 99-101, 111, 124
アジア通貨危機 10, 17, 53, 57, 145
圧縮された経済発展 124, 125, 216
アマゾン 128, 130, 161
アメリカ 23, 84, 95, 103, 141, 166, 175, 188, 191, 194, 196, 198, 204, 207-210
安全基準 143
硫黄酸化物（SO_x） 94, 148, 149, 199
イギリス 64, 74, 75, 88, 186, 192
一次産品 49, 50, 128
一酸化炭素（CO） 159
遺伝子組み換え 89
入会地 164, 165
インド 16, 27, 28, 30, 38, 53, 55, 57, 66, 72, 85-87, 89, 96, 98, 161, 195, 211
インドネシア 10, 15, 35, 61, 66, 90, 96, 111, 125, 127, 129, 130, 139, 151, 154, 160, 202
インフレ率 45
宇沢弘文 158
永久凍土（ツンドラ） 194, 195
栄養不足 80
エコツーリズム 131, 190
エネルギー効率 92-94, 97, 98, 103, 150, 151, 161, 202, 203, 206
エネルギー消費 65, 92-94, 97, 98, 114, 150, 160-162, 173, 174, 199, 204
エネルギー税 197, 209
エネルギーの安全保障 97
エネルギー補助金 161
エネルギー密度 92, 93, 103, 204
エーリック（Ehrlich, P.R.） 101
援助競争 47
円高 140
汚染者負担原則（PPP：Polluter-Pays Principle） 167, 182
オゾン層 187, 189
オゾンホール 189
温暖化ガス（Green House Gas） 103, 171, 188, 189, 191, 193, 195, 197, 208, 210, 211

索引 | 231

[カ行]

改革開放 24, 27
開発経済学 4, 5, 20, 22, 48, 56
開発政策 15, 17, 22, 37, 60, 85, 128, 139
開発独裁 6, 35, 139
外部経済 48, 135, 158
外部性 5, 135, 154, 158
外部費用の内部化 158
外部不経済 135, 136, 158, 162, 163
価格効果 110
価格支持政策 87
化学肥料 89
価格政策 85
価格(市場)メカニズム 5, 8, 83, 135, 136, 149, 158, 159, 160, 162, 166, 168, 178, 182, 183, 206, 217, 218
ガーシェンクロン (Gershenkron, A.) 47, 144 → 後発の利益
餓死者 81
家畜飼料 81
課徴金 167, 169
灌漑 86, 87, 89
環境・開発サミット i, 59, 211
環境価値 175, 177, 181
環境基準 143, 159
環境規制 139-143, 159, 210
環境クズネッツ曲線 (EKC) 112, 114, 115, 130, 140, 145, 183, 200, 202, 203
環境経済学 4, 5
環境権 181
環境税 108, 173
環境対策 106-108, 110, 112, 142-144, 149, 151-153, 155, 160, 216
環境ダンピング 140, 141, 143
環境費用 107, 108
環境保全 106, 110, 112, 115, 120, 125, 134, 135, 139, 141, 142
環境法規 153
韓国 10, 23, 34, 43, 61, 127, 146, 147, 202
慣性効果 68
完全競争 40, 135

飢餓 21, 30, 80, 81, 87
——人口 21, 87
機会費用 58, 68
気候変動枠組み条約 191, 195, 219
——締約国会議 (COP) 195, 219
技術移転 47, 141, 144, 151-153, 197, 199
技術開発 3, 199, 200, 210
技術革新 75, 101, 155, 160, 173, 200, 212, 212, 218
擬制的(仮想的)評価法 (CVM) 175
規模の経済 49, 135, 169, 213
逆進性 174
逆U字型 32, 34, 69, 112, 113, 114, 116, 137, 202 → 環境クズネッツ曲線, クズネッツ曲線
競合性 158
「共通の, しかし異なった形の責任」 210 → 地球環境サミット
共同実施 (JI: Joint Implementation) 197
共同体 164
京都議定書 195, 198-200, 204, 206, 207, 209
——付属書I国 196, 197
京都メカニズム 170, 197
共有(制) 163, 164
共有地 101
共有地(コモンズ)の悲劇 163 → ハーディン
漁獲量 137
漁業 136
漁業権 164
均霑 (trickle-down) 16
クズネッツ曲線 31, 32, 34, 112, 113, 116, 204
グランドファーザー方式 170
クリーン開発メカニズム (CDM: Clean Development Mechanism) 197, 199, 207, 210
クローニー(縁故)資本主義 6, 16, 111, 139, 162
グローバル化 10, 18, 46, 48, 53-56
景観 136
経済援助 57-59, 111, 129, 142, 152 → 政府開発援助 (ODA)
経済格差 16, 23, 24, 48, 70, 132
経済成長 6, 11, 13, 15, 31, 34, 53, 55, 64, 74-76, 99, 100, 103, 106, 108, 110-

112, 150, 199, 216, 217
経済的動機付け　160
経済取引の自由化　134
経済開発　6，15，16，20，124，130，188，216
経済発展　4，6，11，27，72，80，85，92，124，128，133
限界効用曲線　169
限界削減費用　168，169，171，172，179，181
　──均等化原理　172
限界資本係数　38，39
限界生産性　37
限界被害曲線　179
限界費用曲線　167，168
減価償却　173
研究開発　76
原子力　94，95
減反　84
交易条件　77
　──の悪化　49
公害　106，138，159，218
公害対策基本法　148
公害防止協定　148，159
公害輸出　140，141
工業化　35，37，65，74，75，85，88，99，101，103，124，125，127，139，144，203，210，216
　輸出主導型の──　128
　労働集約的な──　35
公共経済学　5，158
公共財　158，178
光合成作用　136
高所得国　43，46，53，101
公正　i，28，118，198，208，209
郷鎮企業　151
交通渋滞　110
高度成長（期）　64，124，133，145
購買力平価（ppp）　45，92，94，202
　絶対的──　45
　相対的──　45
後発の利益　43，47，93，94，144-146，150-152 → ガーシェンクロン
国営企業　138
国際分業　51

国民純福祉　→　NNW
国民所得　6，14，74
穀物生産　77
穀物当量　81
国連開発計画（UNDP）　12
国連環境計画（UNEP）　143，191
国連食糧農業機関（FAO）　76，88，128，129
国連人間環境会議（ストックホルム会議）　2，186
国連貿易開発会議（UNCTAD）　7，49，50，59
コース（Coase, R.H.）　180
コースの定理　180
小繋事件　165

[サ行]

財産権　163，181
再生可能エネルギー　95
再生可能な資源　3
財政収支　167
再生能力　117
再生不可能な資源　2，90，95
最適汚染水準　178，179，181
最貧国　21，42，61，100，216
債務と自然保護のスワップ　61
搾取　22，23，49，53
作付面積　84
サハラ以南のアフリカ　43，57，61，72，80，96，100，132
サービス経済化（サービス化）　92，114
サービス産業　151
産業革命　64，67，74，75，88，192
産業構造の転換　114
産業廃棄物　125
サンジャイ計画　72
酸性雨　152，166，190，191，208
資源経済学　5，6
資源ナショナリズム　129
市場原理主義　58
市場の失敗　5，135，136，143，158-160，162
市場メカニズム　→　価格メカニズム
自助努力　58-60
自然環境　88，100，124，139

自然資本（natural capital） 14, 117, 118, 131
持続可能性 i, 2, 4, 6, 17, 115-119, 188, 207
持続可能な開発 2, 3, 5, 116, 188, 211
持続可能な国民所得 13, 14, 110
自動車 97, 107, 132, 133, 149, 159
　　――の増加 132, 133
児童労働 100
ジニ係数 26, 28, 31-34, 70
資本係数 38
資本市場 120
資本ストック 14, 40, 46, 116, 117
資本装備率 40
社会資本 110, 111, 132
社会主義 26, 81, 218
　　――経済 98
　　――国 31, 66, 138, 218
社会主義的原蓄 37
社会的限界費用曲線 168
社会的能力 47
自由化 17, 53, 54, 134, 138
　　――政策 17, 98
　　――の順序 17, 53
収穫逓減 39, 73
収穫逓増 49, 73
就学率 13, 71, 72
重工業 151
重債務国 43, 61, 188
自由貿易 74, 133-135, 143
収斂 46-48, 53, 55
熟練労働 54
出生の家計モデル 68
出生率 64, 65, 68-70, 72, 76
　　――低下 68
シューマッハー（Schumacher, E.F.） 106, 183, 188
需要の価格弾力性 94, 108, 142, 166
需要の所得弾力性 49
省エネ 3, 94, 160, 199, 210
商業エネルギー 130
乗数効果 110
少数民族 15, 27, 71
譲渡可能性 158, 162
情報化 54

食糧 27, 64, 76, 77, 82, 84, 87, 174, 194, 212
食糧安保 82
食糧自給率 79, 85
食糧消費 79, 80
食糧生産 76
食糧貿易 82
所得格差 26, 31-36, 42, 55, 116
所得効果 110
所得再分配 32, 37, 38, 182
所有権（property right） 138, 153, 163-165, 181
シンガー（Singer, K.） 49
シンガポール 92, 202
人口移動 132
新興工業国（NIEs） 51-53, 125
人口政策 71, 72
人口増加（率） 44, 65, 66, 68-70, 73, 75-77, 82, 100, 102, 130
人口転換 21, 67, 69
人口動態 76
人工物資本（man-made capital） 14, 117, 118
新古典派成長論 39, 46, 48
新古典派モデル 40
人的資本 48, 49, 76
人的投資 53, 68
森林面積 90, 117, 118, 128, 130
水産資源 130
水質浄化法（Clean Water Act，アメリカ） 159
水利権 164
ストック現在量 90, 91
ストックホルム会議（国連人間環境会議） 2, 186
頭脳流出 31, 54
スラム 36, 132
静学的効率性 170
性差 24, 68, 69, 72
生産関数（コブ＝ダグラス型の） 41, 49
税収中立性 173, 174
製造業 127, 141
『成長の限界』 2, 3, 186, 188 → ローマクラブ
成長の歪み 148
西部開発 27

生物多様性　128, 131, 189, 190
政府開発援助（ODA）　59-61, 161, 210
政府の失敗　158, 159, 160, 162
世界気候会議　187
世界銀行　28, 43, 161
世界システム論　52
世界人口　65-67
世界貿易機関（WTO）　133, 134, 142, 143, 150
石炭　94, 96-98, 150, 160, 161
石炭補助金　162
石油　3, 43, 94, 97, 98, 151
石油過剰　136, 187
石油危機　2, 43, 94, 136, 149, 151, 187
世代間の公平（性）　17, 119
絶対的購買力平価　45
絶対的貧困　20, 21, 35, 55
セーの法則　75
ゼロ成長　106, 111, 217
セン（Sen, A.）　11, 81
潜在ストック量　90, 91
全要素生産性（TFP）　41
戦略的貿易政策　135
象牙の取引規制　142
相対的購買力平価　45
相対的貧困　22, 24, 31, 35, 55
租税優遇措置　159
ソ連　37, 81, 82, 161, 186, 218
ソロー（Solow, R.）　39
ソロー・モデル　40, 48

[タ行]

タイ　61, 125, 127, 130, 131, 141, 150, 154, 202
第1次産業　92, 114
対外開放政策　55, 150
対外債務　9, 10
大気汚染　96
大気汚染防止法（日本）　148
大気浄化法（Clean Air Act, アメリカ）　167
第3次産業　74, 92, 114, 151
大土地所有制　23, 33
第2次産業　92, 114, 127, 151
大躍進　81, 86

台湾　23, 34, 94, 127, 150
多国間繊維協定（MFA：Marti-Fiber Arrangement）　59, 138
多国籍企業　9, 10, 52, 88
脱工業化　125
炭化水素（HC）　90, 159
炭素税　139, 158, 161, 173, 174, 197, 210, 218
地球温暖化　3, 18, 128, 167, 170, 173, 183, 188, 191, 192, 194, 195, 199, 201, 204, 207, 208, 210, 216-218
地球環境サミット　3, 186, 189, 210
地球環境問題　i, 121, 186, 208, 212
地租改正　165
窒素酸化物（NO$_x$）　147-149, 159, 190
中国　10, 24, 26, 27, 36, 55, 61, 71, 80, 86, 94, 96-98, 127, 129, 132, 149-152, 154, 160, 162, 164, 202, 204-206, 208, 210, 211
中所得国　33, 43, 52, 101, 125
直接規制（Command-and-Control）　159
直接投資　10, 47, 53, 140, 141, 152
貯蓄性向　38, 120
貯蓄率　39, 58
低所得国　21, 31, 32, 43, 46, 47, 53, 55, 101
転換点　36, 37
天然ガス　97, 150, 151
電力　98
電力料金　161
動学の効率性　170
統治（governance）　219
東南アジア　127
独占　135
都市化　131-133
途上国の農業問題　52
土地改革　23
トービン税　61
取引費用　180, 181, 197
トリレンマ　101, 112

[ナ行]

内生的成長論　48, 55
内部化　5, 135, 162

南北格差　3，8，17，42，43，45，46，51
南北問題　7，8，57，208，216
二酸化硫黄（SO_2）　113，145，148，152，167，190-193，199，200，202，203，207
二酸化炭素（CO_2）　64，94，95，102，114，133，152，160，170，188，189，191，194，196-207，210，216
　──発生量　94，102，192
二酸化窒素（NO_2）　146
二重構造　36
二重の配当　108，173，174
日本　10，20，59，60，68，69，92，124，125，140，146-151，159，164，165，196，202，203，208，209，216
乳児死亡率　13，65，68
人間開発　5，11，13
人間開発指数（HDI）　12，13
熱帯雨林　3，128-130，161，190
農業　23，28，37，85，86，88，89，139，142，161
農業保護政策　59，77，82，83，135，142
農地改革　34
農薬　88，89，161

[ハ行]

排煙脱硝　149
排煙脱硫　148，149，152
バイオマス　95，98，100
排ガス装置　107，109
排気ガス規制　107，111，159
廃棄物　114，140
排出権　171-173，197，200
排出権価格　172
排出権取引　158，166，167，170，183，191，197，199，200，218，
排出税　166，167，170
排除性　158，163
ハイブリッド・カー　155，160，210
ハーディン（Hardin, G.）　163，164　→　共有地の悲劇
ハロッド＝ドーマー・モデル　38-40
比較優位　135，138
比較優位の原理（比較優位説）　49，83，134，135

東アジア　16，33，34，43，51-53，61，75，80，87，92，101，116，124，125，128，132，144-147，149-152，164，188，190，201，203，204，210
非関税障壁　143
非競合性　175
ピグー税　167，168
非排除性　175
ヒモ付き　59　→　経済援助
費用・便益分析　175，177
貧困　4，15，20，21，27，28，30，36，52，56，100，101，111，130，190
　絶対的──　20，21，35，55
　相対的──　22，24，31，35，55
貧困化（窮乏化）　21，22
貧困線　20，24，27，43
貧困の罠　72-75，100，101
品種改良　88
貧富の格差　15
フィリピン　9，125，127，129，131，150，154，202
風力発電　95
不可逆性　118
不確実性　119
福祉国家　22，56
物価指数　46
不等価交換　49
負の公共財　158
ブラウン（Brown, L.）　76，86
ブラジル　66，80，161，190
ブルントラント（Brundtland）委員会　2，3
プレビッシュ（Prebish, R.）　49
フロン（ガス）　187-189，192，208，217
分益小作制（share-cropping）　23，28
ヘドニック価格法　176
変動係数　26，29
貿易自由化　139，143
北米自由貿易協定（NAFTA）　139，140
保護主義　47，141
保護貿易　134，138
補助金　77，89，98，161，139，162，167，174
ボーモル＝オーツ（Baumol=Oates）税　168
ボルネオ（カリマンタン）　128

[マ行]

マイナス成長　114
マスキー法　159
マルクス（Marx, K.）　22, 23
マルサス（Malthus, T.R.）　74-76
マレーシア　125, 127, 129, 141, 147, 150, 151, 190, 202
マングローブ　130
緑の革命　77, 79, 82, 87, 88
緑の保護主義　141-143
民主主義（議会制，政治的）　35, 218
名目為替相場　45, 46
メキシコ　140, 141
木材　61, 139
目的税　174
モントリオール議定書　189

[ヤ行]

焼畑農業　90, 130
有機農業　89
輸出主導型の工業化　128
輸入代替化　85
輸入代替政策　49

[ラ行]

ラテンアメリカ　24, 28, 33, 34, 61, 178
ラテン効果　33
リカード（Ricard, D.）　74, 75
リカードの罠　72-74
利権あさり（rent-seeking）　134, 132
利子率　120, 121
リゾート　128
利用権　163
旅行費用（法）　131, 175
ルイス・モデル　36, 40
労働集約型　125
労働集約的な工業化　36
ローマクラブ　2, 3, 64, 90, 217 →『成長の限界』
ローレンツ曲線　28

[ワ行]

割引現在価値　119, 120
割引率　119-121, 207

著者紹介

石見　徹（いわみ　とおる）

1948年和歌山県に生れる
東京大学大学院経済学研究科教授

［略歴］
1971年　東京大学経済学部卒業
1977年　東京大学大学院経済学研究科博士課程単位取得退学
1979年　東京大学経済学部　助教授
1986年　経済学博士（東京大学）
1991年　東京大学経済学部　教授

［留学・在外研究など］
1979年～1981年　テュービンゲン大学経済学部留学
1990年～1991年　カリフォルニア大学バークレー校客員研究員
1994年　ミュンヘン大学日本研究所客員教授
1998年～1999年　ロンドン大学経済・政治学部（LSE）客員研究員

［主要著書］
『ドイツ恐慌史論』有斐閣，1985年
『日本経済と国際金融』東京大学出版会，1995年
『国際通貨・金融システムの歴史』有斐閣，1995年
Japan in the International Financial System, Macmillan Press, 1995年
『世界経済史』東洋経済新報社，1999年
『全地球化するマネー』講談社，2001年

開発と環境の政治経済学
───────────────────
2004年7月21日　初　版

［検印廃止］

著　者　石　見　　徹

発行所　財団法人　東京大学出版会

代表者　五味文彦

113-8654　東京都文京区本郷 7-3-1　東大構内
電話 03-3811-8814・振替 00160-6-59964

印刷所　株式会社平文社
製本所　有限会社永澤製本所
───────────────────
Ⓒ2004　Toru Iwami
ISBN 4-13-042118-2 Printed in Japan

Ⓡ〈日本複写権センター委託出版物〉
本書の全部または一部を無断で複写複製（コピー）することは，著作権法上での例外を除き，禁じられています．本書からの複写を希望される場合は，日本複写権センター（03-3401-2382）にご連絡ください．

日本経済と国際金融　石見 徹	A5	4200円
環境学の技法　石 弘之編	A5	3200円
稀少資源のポリティクス　佐藤 仁	A5	4800円
環境経済学入門　B.セクラー／篠原・白井訳	四六	2200円
環境創造の思想　武内和彦	A5	2400円
環境時代の構想　武内和彦	四六	2300円
里山の環境学　武内・鷲谷・恒川編	A5	2800円
地球温暖化問題に答える　小宮山 宏	四六	1800円
地球環境保全概論　谷山鉄郎	A5	2800円
講座社会学12　環境　船橋晴俊・飯島伸子編	A5	2800円
農村開発金融論　泉田洋一	A5	6200円

島の生活世界と開発 [全4巻]

[編集委員]　大塚柳太郎・篠原 徹・松井 健

大塚柳太郎 編

1　ソロモン諸島　最後の熱帯林	A5	3800円

篠原 徹 編

2　中国・海南島　焼畑農耕の終焉	A5	3800円

松井 健 編

3　沖縄列島　シマの自然と伝統のゆくえ	A5	3800円

大塚柳太郎・篠原 徹・松井 健 編

4　生活世界からみる新たな人間-環境系	A5	3800円

ここに表示された価格は本体価格です．御購入の際には消費税が加算されますので御了承下さい．